产品仿生设计

PRODUCT BIONIC DESIGN

罗仕鉴　林欢　边泽　著

中国建筑工业出版社

图书在版编目（CIP）数据

产品仿生设计／罗仕鉴，林欢，边泽著. —北京：中国建筑工业出版社，2020.6（2025.1重印）
ISBN 978-7-112-25101-8

Ⅰ.① 产… Ⅱ.① 罗… ②林… ③边… Ⅲ.① 仿生－应用－产品设计 Ⅳ.① TB472

中国版本图书馆CIP数据核字（2020）第075809号

责任编辑：吴　绫　贺　伟
文字编辑：李东禧
版式设计：锋尚设计
责任校对：芦欣甜

产品仿生设计

罗仕鉴　林欢　边泽　著

＊

中国建筑工业出版社出版、发行（北京海淀三里河路9号）

各地新华书店、建筑书店经销

北京锋尚制版有限公司制版

北京中科印刷有限公司印刷

＊

开本：787×960毫米　1/16　印张：11　字数：201千字

2020年8月第一版　2025年1月第三次印刷

定价：39.00元

ISBN 978-7-112-25101-8

（35784）

前　言

　　1958年，仿生学概念由美国J·E·斯蒂尔博士第一次提出。1960年9月，美国空军航空局在俄亥俄州的空军基地戴通召开了第一次仿生学会议，仿生学作为一门独立的学科于此正式建立。仿生设计在现代设计领域真正开始于20世纪80年代，1988年在德国举行的首届国际仿生设计研讨会是仿生设计全面兴起的标志，会议以对自然界的探索，以对生命与形态、功能与形态的思索为主题，展开了全方位的研讨。

　　自然界绚丽多姿的生物及其经历几百万年演化的优越稳定的生物系统，都是产品创新设计浑然天成且源源不断的灵感来源，为产品创新设计提供了新的设计方法和思路。仿生一直是设计领域的热点，如航空航天飞行器、汽车、火车、舰船、装备、生活用品、建筑等领域，主要包括形态、功能、结构、色彩、肌理、意象等方面，很多设计特征都来自于大自然，是人类师法自然、学习万物的重要途径。仿生设计在自然科学和社会科学领域取得了丰硕的成果，国际著名大学、研究和设计机构、企业等都非常重视仿生设计，*Bioinspiration and Biomimetics*、*Journal of Bionic Engineering*等杂志专门探讨仿生的学术问题。

　　在设计学领域，产品仿生设计可以用一个三层模型进行描述，即：本体层、行为层和价值层。本体层关注的是产品的本来特征、产品的设计流程以及产品给用户带来的第一感受；行为层偏重于生物形态如何融入产品形态的过程，如产品的功能、性能以及可用性层面的感受，以及用户在使用过程中的人机性、趣味性、操作效率和人性化程度等；价值层侧重于产品最终所产生的情感价值（Emotional Value）、社会价值（Social Value）以及共创价值（Co-Creation Value）。这个层次模型以本体层为基础，以价值层为目标，以行为层为来源，互相关联，相互支撑。

　　在国家自然科学基金项目"产品外形设计的仿生计算研究"（编号51675476）和"面向风格意象的产品族外形基因建模与设计"（编号51175458）的资助下，以《产品族设计DNA》著作为基础，我们计划从仿生设计的角度出发，将阶段性研究成果做一下小结。以生物体外形为设计创意源，在"本体层→行为层→价值层"层次模型上通过设计将生物外形融合于产品外形中，创造性地辅助设计师完成产品复杂外形的快速拟物化设计和评价，促进仿生设计朝着用户期望的方向发展，塑造独特的产品形象和品牌形象。

本书由罗仕鉴提出思想、框架并撰写和整理，单萍和沈诚仪参与了第3章的撰写，林欢和姚奕弛参与了第4章的撰写，邹文茵和郑博文参与了第5章的撰写，边泽和崔志彤参与了第6章的撰写，罗仕鉴、林欢和边泽负责统稿。希望结合工业设计、计算机技术和心理学等学科知识，从方法学层面上为多学科交叉研究仿生设计提供新的科学理论和方法，在理论研究上为产品创新设计做出一定的贡献；对产品开发和品牌构建提供指导，为中国企业从"卖产品"向"做品牌"过渡提供一定的参考；同时希望能够为设计教育，以及创新设计和知识工程的发展做出一定的贡献。

由于作者们知识水平有限，时间仓促，书中难免有错误及不妥之处，热忱欢迎专家、学者提出宝贵意见和建议，以进一步提升我们的学术研究水平。

2019 年 12 月于求是园

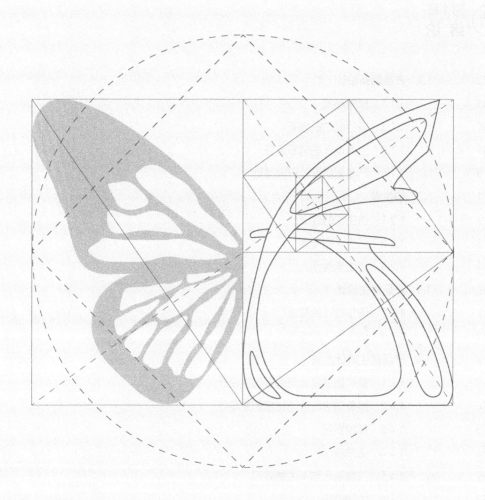

目　录

第 2 章
产品仿生设计知识体系

第 3 章
本体层：产品设计

第 4 章
行为层：生物仿生

第 5 章
价值层：仿生价值

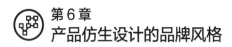 第 6 章
产品仿生设计的品牌风格

第1章
绪 论

人类从诞生之日起就在为适应自然，改造自然，打造更为适合于生存的环境而不断努力奋斗。人与自然是一个有机的整体，人类社会发展的历史是人与自然相互依存、相互影响和相互作用的历史。

　　设计是人类文明的重要标志之一，是人与自然沟通的桥梁[1]。大自然是人类的生命圈，是人类进行"设计"的主要对象。从古至今，人类为了更好地生存、发展，从未停止过对自然的探索。随着技术的进步、社会形态的变化以及人们生活水平、审美诉求的提高，人类对设计提出了前所未有的要求。当前世界设计的发展趋势是以绿色和生态设计理念为基础的新时代的设计，在当今环境保护以及平衡人与自然关系的大趋势下，设计越来越强调回归自然、人性本身和情感化，越来越重视个人情感的需求与满足，对自然的借鉴也越来越影响着设计师的创作和设计行为。

　　设计本身向哪里发展，是一个值得思考的问题。

1.1 产品创新设计

1.1.1 创新形式

最早将"创新"（Innovation）引入经济发展研究的是美籍奥地利经济学家约瑟夫·A·熊彼特（J.A. Schumpeter，1883–1950）。熊彼特指出，现代经济发展的根本动力不是资本和劳动力，而是创新，而创新的关键是知识和信息的生产、传播和应用。他在《经济发展理论》中将创新定义为"建立一种新的生产函数"，即"生产要素的重新组合"，是把一种从来没有过的关于生产要素和生产条件的新组合引入生产体系。熊彼特的新组合包括新产品、新技术（新的生产方式）、新市场、新材料和新组织。除了提出"创新"概念外，熊彼特还提出"创造性破坏"（Creative Destruction）及"企业家精神"（Entrepreneurship）概念。企业家是"经济发展的带头人"，是能"实现生产要素的重新组合"的创新者。熊彼特将企业家视为创新的主体，其作用是创造性地破坏市场的均衡，通过创造性地打破市场均衡，为企业家获取超额利润的机会。熊彼特的增长模型（Schumpeterian Growth Model）强调经济增长的过程是以"创造性破坏"为特征的动态竞争过程。一方面强调创造，另一方面也考虑创新的"破坏性"，新老更替是这个动态过程的主要特征，消费者追求更多类型和更高质量的产品，构成了创造性破坏的基础，通过消费导向，实现生产[2, 3]。

创新促使新旧事物交替变化，促进人类文明的进化。创新打破并改变固有模式，建立全新模式，它具有三个主要特征（图1-1）。

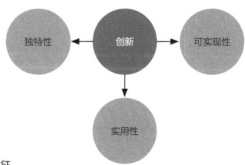

图1-1 创新的三个特征

（1）独特性，与众不同，独一无二；

（2）实用性，真正解决问题，不让其出现更多的复杂问题；

（3）可实现性，在现有技术物质条件下可以实现。

　　创新精神需要设计教育的培育。从国内外高等院校的设计教育来看，创新设计教育也随着时代的发展而有着新的内涵和发展标准。从包豪斯学校的"平面+彩色+立体"创新设计理念，到斯坦福大学的"技术+人本+商业"，再到浙江大学的"技术+设计+文化+人本+商业"，创新设计理念和内容不断变化，而这种变化正是时代发展下创新精神的体现（图1-2）。

　　随着创新形式的不断变化，创新设计教育的不断发展，创新产品设计帮助企业在日趋激烈的国际市场竞争下，为企业在激烈的市场竞争中赢得了主动权。我们所处的是一个科技日新月异，发明成果层出不穷的年代。要使重大科技成果和技术发明尽快转化为第一生产力和物质力量，只有通过设计使之产品化。通过设计，一方面优化结构、更新

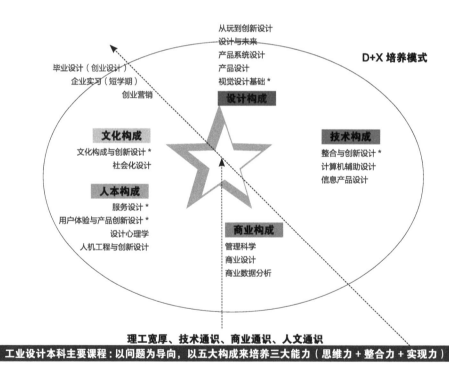

图1-2　浙江大学创新设计教育理念

品种，另一方面推进新产品系列带来的生产领域、管理体系和消费结构的变化，创造更科学、更安全和更健康的生活方式。

通过设计，创造全社会共同向往和追求的一种价值观念。

1.1.2 设计驱动的创新

"Design"（设计）一词源自于14世纪拉丁文，意为"创造、塑造、执行和构建"。1588年，"Design"概念首度被用于生产生活实践，意为"一种有目的的创造性活动"。文艺复兴时代，"Design"主要用于建筑、艺术和雕塑等领域。19世纪工业革命之后，艺术和雕塑逐渐与建筑设计、平面设计或工业产品设计区分开来，形成了工业经济时代的设计——工业设计。现在，"Design"一词已被扩展到社会生活的方方面面，泛指"一切有计划、有目的的创作发明行为"（Design is the creation of a plan or convention for the construction of an object or a system），被广泛应用于产品、服务、过程乃至国家管理等领域。

设计是一个非均质的过程，其路径、策略和方法往往受到设计师自身经验和社会文化背景以及技术、经济条件影响。一方面，设计依赖个人的经验、背景和创造力；另一方面，设计也根植于方法论原则，反映出基本认知和过程的多样性[4]。设计虽然自古就有，但是工业设计是针对工业革命以后出现的问题，其关注于协调人与人、人与物、人与自然之间的关系，并以开拓创新的方式来规划未来社会，工业设计是设计领域中非常重要的专业学科。从创新特征和设计的含义来看，追求创新与变化已成为工业设计的主要特征。创新是工业社会的核心价值观，也是工业设计的职业道德和职业行为方式。对于工业设计师而言，设计本身就是创新[5]。

伴随着信息、化工、机械、电子、现代材料、生命科学等相关产业的发展，全球的科技创新步伐从未停止，新型材料、高端装备、量子技术、信息技术等领域的先进技术不断涌现，极大地丰富了全球产业发展的资源。一是技术创新更加活跃，交叉融合和群体跃进态势日益明显；二是信息、生物、新能源、智能制造领域的不断突破和相互融合，已成为产业转型最重要的技术方向；三是技术创新与商业模式、金融资本的深度融合，持续催生新的经济增长点和就业创业空间[6]。创新的三种形式，即市场拉动（Marketing Pull）、技术推动（Technology Push）和设计驱动（Design Driven）已成为全球产业开拓前进的"三大动力机制"（图1-3）。

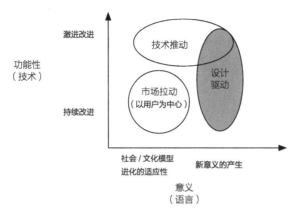

图1-3　创新的三种形式

　　经历了农耕时代的传统设计和工业时代的现代设计，设计一直推动着人类文明的进步，并正在进入创新设计的新时代。国内外各个机构和组织都在致力于通过设计驱动创新，提升综合竞争力。由芬兰DESIGNIUM、韩国KIDP和英国剑桥大学开展的设计竞争力研究都表明"一个国家的综合竞争力与其设计发展水平关系密切"[7]。世界各大全球创新中心城市经济发展启示，所有全球创新中心城市如纽约、伦敦、巴黎等，无一例外都是设计之都。

　　2016年3月，硅谷投资机构KPCB发布了前麻省理工媒体实验室副主任、罗德岛设计学院院长John Manda团队的研究报告《科技中的设计2016》。其中指出，2015年的美国"财富百强"研究中有超过10家企业把设计列为执行管理层优先项（图1-4）。这些企业中包括苹果、通用汽车、通用电气、福特汽车、IBM、微软、强生、塔吉特、谷歌、迪士尼、百事可乐、耐克、星巴克、GAP等。

　　2018年6月5日，AAPL（苹果股票代码）创下了每股193.98美元的历史新高，总市值高达9501.5亿美元。苹果之所以取得了这样的巨大成就，其中一个原因就是：苹果很重视设计。除了乔布斯是个设计狂之外，苹果公司还聘请了3位著名的设计师：Jonathan Ive担任首席设计官（Chief Design Official，CDO）（已离职），Alan Dye负责用户界面设计（User Interface Design，UID），Richard Howarth负责工业设计。同样的，小米创业七剑客中，有2位也是设计出身，因此，小米的产品设计和用户体验做得很棒（图1-5）。华为手机之所以取得了巨大的成功，同苹果一样，华为也非常重视设计，通过设计来驱动创新。

　　　　　　　　　　　　　　　　　　　　　　　　　　　　　　　　　　　产品仿生设计

戴森 Dyson

Airbnb（爱彼迎）与 Snap（阅后即焚）

耐克 CEO Mark Parker

美国通用汽车自 1937 年开始设立设计 VP 副总裁，至今已有 7 位

部分国际著名企业的 CDO

图1-4　部分重视设计的国际著名企业

图1-5　小米的产品家族

设计驱动的创新具有以下特征（图1-6）：

（1）它是一个网络化的研究过程；

（2）它大大外延了公司的界限，包括用户以及其他关联者；

（3）知识共享；

（4）影响了一定的社会—文化制度。

设计驱动的创新、以用户为中心的设计和传统的工业设计在产品开发实践中是层层关联，各有侧重，而设计驱动的创新则是重中之基（图1-7）。

创新，需要设计驱动。

设计驱动的创新是对传统的市场拉动和技术推动策略的补充和完善，是社会生产力适应知识经济社会发展的必然产物，对我国形成国际竞争新优势、增强发展的长期动力和实现中华民族伟大复兴的中国梦具有重要战略意义。

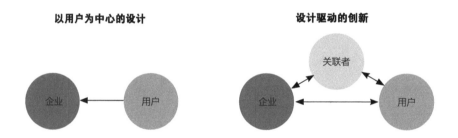

图1-6　以用户为中心的设计与设计驱动的创新

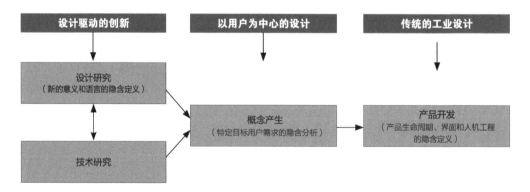

图1-7　设计驱动的创新在研究方面的关注点

　　　　　　　　　　　　　　　　　　　　　　　　　产品仿生设计

1.1.3 工业设计的创新责任

产品设计是一种实践活动，设计师通过产品来表达设计理念，产品如何反映设计师的想法和意图是设计师面临的首要问题。人类生活在自然界之中，对周围的自然物具有一定的认知和逻辑推理能力，从自然界中寻找符合产品内涵的表达元素，能够有利于消费者对产品的理解。因此，仿生设计对产品内涵的表达具有重要的启示意义[8]。

第二次世界大战之后，以美、德、日、韩为主的发达国家开始将工业设计作为促进制造业发展的重要战略。日本将"科技立国"和"设计开放之路"作为国家政策，美国提出用工业设计支撑美国制造，在产品系统中整合设计、商业和工程。设计驱动型创新、市场驱动型创新和技术驱动型创新成为驱动全球经济发展的三种创新模式[9]。

2008年，时任国务院总理温家宝就中国工业设计行业发展做出了重要批示，提出"要高度重视工业设计"。2010年7月，工业和信息化部等11个部委联合发布了《关于促进工业设计发展的若干指导意见》。其中对工业设计做出了定义：工业设计是以工业产品为主要对象，综合运用工学、美学、心理学和经济学等知识，对产品的结构、功能、形态及包装等进行整合优化的创新活动。工业设计的核心是产品设计，广泛应用于轻工、纺织、机械、电子信息等领域。工业设计产业是生产性服务业的重要组成部分，其发展水平是工业竞争力的重要标志之一。大力发展工业设计，是丰富产品品种、提升产品附加值的重要手段；是创建自主品牌，提升工业竞争力的有效途径；是转变经济发展方式，扩大消费需求的客观要求[10]。

2013年8月，由全国人大常委会原副委员长路甬祥院士与中国工程院原常务副院长潘云鹤院士领导的中国工程院重大咨询项目"创新设计发展战略研究"，组织了近20位院士和100多位专家将人类文明和设计的进化进行了总结[11]。将农耕时代的传统设计称为"设计1.0"，工业时代的现代设计称为"设计2.0"，全球知识网络时代的创新设计称为"设计3.0"。与之相适应地，诞生于工业时代的"工业设计1.0"自然也进化为全球知识网络时代的"工业设计2.0"[12]（图1-8）。

2015年10月，国际工业设计协会（ICSID）在韩国光州召开了第29届年度代表大会。国际工业设计协会将使用近60年的"国际工业设计协会"正式改名为"国际设计组织"（World Design Organization，WDO）。会上发布了工业设计的最新定义，如下：（工业）设计旨在引导创新、促进商业成功以及提供更好质量的生活，是一种将战略性

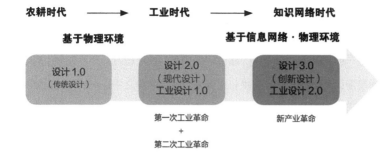

图1-8　设计的进化

解决问题的过程应用于产品、系统、服务和体验的设计活动。它是一个跨学科的专业，将创新、技术、商业、研究及消费者联系起来，共同进行创造性活动，并将需要解决的问题和解决方案进行可视化，重新解构问题，以此更好地构建产品、系统、服务、体验或商业网络。

2016年在杭州举行的首届世界工业设计大会（World Industrial Design Conference）上，时任国务院副总理马凯提出："产业因工业设计而更具活力，世界因工业设计而更加美好"，工业和信息化部苗圩部长提出"大力发展工业设计等生产性服务业"，联合国工业发展组织李勇总干事指出"工业设计链接世界资源，提升产业"。通过工业设计创新，能够直接地推动中国制造向中国创造转变、中国速度向中国质量转变、中国产品向中国品牌转变。

2019年10月，工业和信息化部等十三部门共同印发《制造业设计能力提升专项行动计划（2019-2022年）》，提出制造业设计能力是制造业创新能力的重要组成部分。提升制造业设计能力，能够为产品植入更高品质、更加绿色、更可持续的设计理念；能够综合应用新材料、新技术、新工艺、新模式，促进科技成果转化应用；能够推动集成创新和原始创新，助力解决制造业短板领域的设计问题。

1.1.4　产品创新设计研究基础

十余年以来，团队一直围绕着产品族外形设计开展研究工作，不断开展产品创新设计领域的基础应用研究、设计与产业化实践探索。对于产品族外形设计的研究，主要分为以下三个层面，产品族外形设计的三个层次模型如图1-9所示。

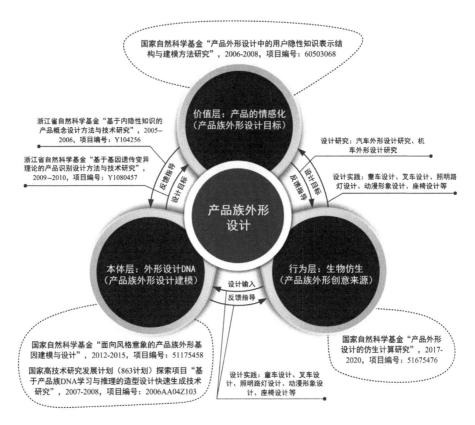

图1-9　产品族外形设计的三个层次模型

1. 本体层：主要研究产品族外形设计建模。
2. 行为层：主要研究产品的效用和仿生设计。
3. 价值层：主要研究产品的品牌、用户体验等情感化目标。

上述研究，为产品仿生设计奠定了一定的基础。

1.2 仿生学

　　人类的历史就是从设计和制造器具开始的。远古时代，为了生存，人类直接从自然界中获取食物和武器。人们学会了从大自然中学习，模仿自然来创造工具。从捕猎武器

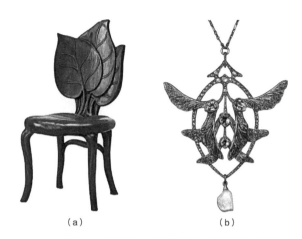

图1-10　（a）20世纪前后法国新艺术风格椅子；
（b）新艺术大师Georges Fouquet的珠宝设计

到炊具和配饰，都有着自然的影子。大自然不仅提供人类创造的原材料，更重要的是，它为人类创造某种功能提供了一种方式。例如，葫芦可以盛水，因此产生了众多葫芦状的盛水陶器[8]。每种生物都经历了数亿年的演变，并拥有自己独特的形式和功能。无论是生物的表皮纹理还是内部的骨骼肌肉，都有很多东西值得我们研究。从人类开始设计活动，自然界的生物就一直激发着我们的创造力，以致今天在某些方面我们已经超过了自然。

春秋时期鲁班依靠齿形草的形态特征，设计发明了锯齿，成为中国最早的仿生设计师之一。在西方国家，达·芬奇于1500年，仿效鸟翼的仿生飞行，制作了一系列的飞行草稿和模型。到了工艺美术运动时期，拉斯金在其设计准则中提出："回归自然"理论，从大自然中汲取营养，而不是盲目地抄袭旧有的模式[13]。

20世纪前后，新艺术运动兴起，设计师们追求自然造物的根源，通过观察生物生长的内在过程，将自然形态作为设计元素应用于当时的产品设计中（图1-10）。到了20世纪30年代，设计师们开始广泛尝试原本只用于汽车、船艇等设计的"流线型"，而"流线型"本身就源自于鱼、鸟、猎豹等可以快速流畅地移动的生物[14]。来自不同时间和地域的人类都在不约而同地进行着仿生设计，因此仿生设计是产品创新设计的一种方法。

仿生设计是仿生学研究的内容之一，要想了解仿生设计原理并进行合理的应用，首先要了解仿生学的相关知识。

1.2.1 仿生学的定义

仿生学概念于1958年由美国J·E·斯蒂尔博士首次提出。他在美国俄亥俄州举办的首届仿生学研究会上，第一次阐述了"仿生学"的概念。他提出仿生学是研究生物原型为人类设计系统提供帮助的学科，即研究自然界的规律和现象，并将它们应用到人类生活当中。

1960年9月，美国空军航空局召开了第一次仿生学会议，议题是"分析生物系统所得到的概念能够被用到人工制造的信息加工系统的设计上吗？"斯蒂尔为新兴的学科命名为"Bionics"，意思是研究生命系统功能的科学，于此，仿生学作为一门独立的学科正式建立。仿生学以自然界生物的优越系统性能作为研究重点，将其运用到人类制造的技术系统中，从而完善产品的性能和结构，也正是由于其良好的模拟性和优势转移应用性，促进了设计领域对于仿生的思考和应用。

德国被公认为是仿生设计的发源地，在此举行的首届国际仿生设计研讨会标志着仿生设计的全面兴起，也标志着仿生设计开始在现代设计领域崭露头角。会议中，学者们就"生命与形态"、"功能与形态"两个主题展开了对自然社会的探索，会议研讨成果极大地促进了仿生设计的发展，也对工业设计领域的发展方向产生了一定的影响。工业设计是一门既关注产品功能又需兼顾产品外形的设计类学科，这一特点正好与仿生学的内涵相契合。

自然界绚丽多姿的生物外形以及优越稳定的生物系统都已经历了几百万年演化，这些都将是产品创新设计源源不断的灵感来源，它们为产品创新设计提供了新的设计方法和思路，提升了产品的内涵价值。

1.2.2 仿生学的发展

21世纪是从知识经济时代转向创新经济时代的世纪[15]。Chen等[16]在*Nature*上发表的研究成果表明，从自然界获取灵感能够实现真正意义上的产品设计创新。仿生设计是工业设计中重要的创新设计方法和创新设计思维。仿生设计，首先在于仿生，即模仿自然界的生物，而设计是一种有目的的创作行为。仿生设计是在模仿自然生物的基础上，经过分析、理解、构思、应用，最终产生创新设计方案的过程。

德国著名工业设计大师克拉尼曾说："设计的基础应来自诞生于大自然的生命所

呈现的真理之中。"仿生一直是设计领域的热点，如航空航天飞行器、汽车、火车、舰船、装备、生活用品、建筑等领域，很多设计特征都来自于大自然[17]。仿生设计在自然科学和社会科学领域取得了丰硕的成果，国际著名大学、研究和设计机构、企业等都非常重视仿生设计[18]。*Bioinspiration and Biomimetics*、*Journal of Bionic Engineering*等杂志还专门探讨仿生的学术问题。美国著名的仿生研究事务所Biomimicy Institute提出了I4C（Innovation for Conservation）设计原则，以保护自然为目的的创新，与Autodesk公司搭建了AskNature.org仿生应用网站数据库，围绕仿生物开展生物知识创新转化及其应用。Yargın等[19]运用类比设计方法（Analogical Design），对生物启发性设计（Biologically-inspired Design，BID）进行了研究；Nachtigall等[20]从造型、建筑和设备、建筑和气候、机器人和运动、传感器和神经元控制、人类和生物医学技术、程序和过程、进化和优化、系统和组织、概念和文件、重点和教育等方面提出了250种仿生设计的案例，分析了其仿生来源、设计原则、技术原理、过程、教育意义、参考文献等；The Biomimicry Institute创建了AskNature数据库（https://asknature.org/）[21]，提供仿生设计解决方案（The Biomimicry Institute于2006年由Janine Benyus和Bryony Schwan创建）。

1.2.3 仿生学类型

根据仿生对象的领域，可以将仿生归纳为三类：自然科学领域的仿生、社会科学领域的仿生和艺术设计领域的仿生。

自然科学领域的仿生，有电子仿生、机械仿生、控制仿生、医学仿生、化学仿生、农业仿生等不同方面。自然科学领域的仿生已经发展到现代科技综合应用的时代，所涉及的对象如人工控制系统和人工生物系统。为了降低制备成本，提高器件传感性能，Wan等[22]从荷叶表面微纳米结构的超疏水性中受到启发，将自然材料作为模板来制备产品表面微结构。将大自然中的植物作为原始模板，复写出植物表面的微结构，喷涂柔性银纳米线电极，构建电容型触觉传感器（图1-11）。该器件具有较高的灵敏度、较快的响应速度（36 ms，与人体皮肤响应速度相当）以及较好的稳定性。这种器件是一种柔性触觉传感器（电子皮肤），是能将触觉信号转换电信号的电子器件，在可穿戴电子设备、运动监测、健康监测、人机交互、智能假肢，以及人工智能等领域有着巨大的应用前景[23]。

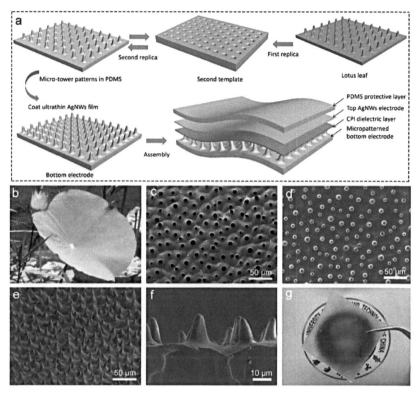

图1-11 柔性触觉感应器结构研究

　　社会科学领域的仿生，体现为在管理和经济学等社会科学领域的系统性的新思维、新原理、新方法和新途径[24]。例如，通过对蜜蜂和蚂蚁群体的分析，获得了"家族式"经济发展模式。从蚁群和蜂群的严密组织可以看出，在生存斗争过程中，它们实行"各尽所能，按需分配"的原则。日本经济学家将这种机制应用于经济学体系，把企业人员捆绑成"群体"，这实际上就是"家族化"的经济发展模式。这种经济管理法开创了日本经济发展的奇迹，成为仿生经济学成果的一个有力佐证。

　　艺术设计领域的仿生，不仅与生产实践密不可分，还与艺术理论与美学知识密切相关。艺术领域的仿生体现在设计的各个领域中，如服装设计、视觉传达设计、建筑设计、环境设计、产品设计等。在这些领域中，人们追求事物的美感，体现个人情趣、个性和品位，以及科技、人与自然的平衡。麻省理工学院媒体实验室的有形媒体小组（Tangible Media Group）的研究团队BIOLOGIC研发了一种全新的性

图1-12 会"呼吸"的襟翼运动服装

能结构，这种结构将生物材料与纺织品的设计结合在一起，设计出一款会"呼吸"的襟翼运动服装（图1-12）。基于服装面料中的纳豆杆菌对水分和温度的响应，这种服装可以"智能"地根据穿着者的汗水和热量对背部的襟翼进行"开启"和"关闭"。

1.3 产品仿生设计

1.3.1 仿生设计的概念

仿生设计真正开始于20世纪80年代的现代设计领域。1988年，德国举行首届国际仿生设计研讨会，会议的重点是探索自然，思考生命、功能与形态，该会议对工业设计界产生了深远的影响。工业设计是一门全面考虑产品形态和功能的设计学科，寻找产品功能和外形设计的最佳平衡点。从工业设计的特点看，它关注功能的实用性和外形的设计性，恰好与仿生学的学科内涵相契合。丰富的仿生外形和稳定的仿生性能为产品设计提供丰富的设计素材和灵感来源。产品仿生设计因此开始进行不断的探索和创新，并随着时代的发展和变化不断被赋予新的内涵。

国内学者李立新先生认为，象生设计亦称为"仿生设计"，应用的范围小到生活用品，大到飞行器。仿生设计已发展成为一门新兴的交叉学科，被称为"仿生设计学"，

产品仿生设计

它主要涉及色彩学、美学、伦理学、数学、经济学、生物学、物理学、人机学、美学、材料学、机械学、工程学等相关学科，通过模拟生物系统的某些原理，分析、提炼并构思设计出具有相似生物系统的某些特征的一种新的设计思维方法。

1.3.2 仿生设计的类型

可以从多个不同的角度对仿生设计进行分类。按仿生生物的种类来分，可分为动物仿生、植物仿生、昆虫仿生、人类仿生和微生物仿生；按模仿的抽象程度来分，可分为具象仿生和抽象仿生；按模仿的完整性可分为整体仿生和局部仿生；按仿生生物的态势来分，可分为静态仿生和动态仿生[25]。

目前，从仿生内容的角度来探讨产品仿生设计是最普遍的，据此可将产品仿生设计分为形态仿生、功能仿生、结构仿生、色彩仿生、肌理仿生、意象仿生，其关系如图1-13所示。有些是单方面的仿生，有些是多个类别的交叉仿生。

图1-13 产品仿生设计的类别

1. 形态仿生设计

产品的形态仿生是产品仿生设计中最常见的仿生形式，设计师将仿生对象的形态特征，通过简化、抽象、夸张等设计手法应用到产品造型设计中，使得产品外观和仿生对象产生某种呼应和关联，最后实现设计目标的一种设计手法[26]。

为了美化产品外形，骐雄设计团队师法自然，从自然界获得多个生物灵感，并将生物元素融入路灯外形设计中，赋予了路灯生动的外形特征。路灯外形分别模仿鳐鱼形态和五谷形象，增强了产品的视觉吸引力和美感（图1-14、图1-15）。

图1-14　模仿鳐鱼形态的路灯造型设计

丰收的五谷形象

图1-15　模仿五谷形象的路灯造型设计

　　　　　　　　　　　　　　　　　　　　　　　　产品仿生设计

2. 功能仿生设计

产品的功能仿生是指通过研究生物体和自然界物质存在的功能原理，改进现有的或创造新的技术系统。现代的功能仿生设计通过一系列科学实验验证了仿生结果的有效性，在设计结果的可靠性和设计应用的广泛性上都比没有进行仿生学研究时有很大程度的提高。

功能仿生可以延伸到多个学科领域，如电子领域、航天领域、机械领域等。例如，德国的费斯托（Festo）公司开发了一种基于大象鼻子特征的仿生机器处理系统，根据每一节椎骨的气囊压缩和充气进行扩展和收缩，平稳搬运重负载（图1-16）。

在航空航天领域，火箭升空则是利用水母的反冲原理。当水母向后喷出水时，水母受到水的反作用力，进而获得向前的推力而加速运动。科学家就是利用了水母的这一特点，利用火箭燃料燃烧，喷出气体做反冲运动发明的（图1-17）。

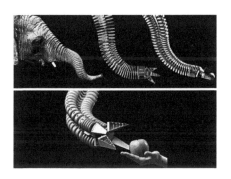

图1-16 费斯托（Festo）公司的仿生机器处理系统

图1-17 基于水母反冲原理的火箭升空设计

3. 结构仿生设计

产品的结构仿生是指人们研究生物整体或局部的结构构造和组织形式，寻求生物结构和产品的潜在相似性，总结规律和特征，并将其应用于产品设计的过程。

结构仿生设计研究和应用最多的是动物形体、肌肉、骨骼结构以及植物的茎、叶等结构。结构仿生设计可以使产品兼具实用功能和美学价值。例如Resilient技术公司和威斯康辛州大学麦迪逊分校聚合体工程学中心模仿蜂巢结构设计的蜂巢轮胎，具有很强的抗震性和耐磨性。蜂巢结构也可以应用到家用电器中，如图1-18所示，Oskar Daniel设计的环绕立体声音箱，仿照蜂巢六角形的造型，音箱可随意扩展和调整角度，以获得最佳的音响效果。

4. 肌理仿生设计

产品的肌理仿生是指在产品设计时，从自然生物、材料（例如天然的石材、植物纤维和动物表皮等）中寻找可借鉴的材料组织构造以及表面肌理特征加以应用。

Miao等[27]参照鱼鳞的表面形状设计出具有仿生功能的、运输冰的管道弯头处内墙表面结构；张德远等[28]将鲨鱼皮的减阻效能应用于输油、输气、输水管道设计以及飞机、船舶、车辆等交通工具的设计中（图1-19）；孙宁娜等[29]提到三星YP-S2型MP3其机身通体采用塑料材质支撑，经过表面钢琴烤漆工艺处理，手感和外形与鹅卵石都极其相似，使消费者使用时感受到大自然般的亲切（图1-20）。

5. 色彩仿生设计

产品由色彩仿生是人们在自然色彩客观认知的基础上，将自然界丰富的色彩形式按

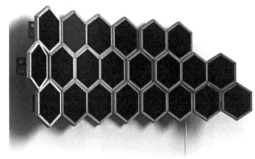

图1-18　蜂巢结构轮胎和蜂巢音箱设计

照一定的艺术手法应用到产品外形创新设计中的重要设计方法[30]。

利用大自然存在的各种色彩形式、搭配原则，将其应用于产品上，能够产生视觉的暗示和相关的联想，有效传达产品信息，利用色彩效应，扩大产品认知度，提高产品品质，增加产品的认同感，同时也能引导人们重视人与自然的和谐，创造赏心悦目的色彩环境。例如，模仿动植物的保护色和自然界中植物的颜色，在陆军军服上进行色彩仿生设计，具有极强的保护效应（图1-21）。从鹦鹉的羽毛中提取色彩，应用于包装设计，可以丰富产品的外形特征（图1-22）。

6. 意象仿生设计

产品的意象仿生侧重于生物神态特征以及其象征意义的提取，用高度概括的手法将生物的意象特征提取出来，用于产品外形仿生设计中。

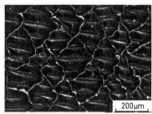

（a）微复制模板扫描电镜照片　　（b）仿生鲨鱼皮光学照片

图1-19　微压印法制备的微复制模板及仿生鲨鱼皮

图1-20　鹅卵石肌理MP3设计

图1-21　保护色仿生和陆军军服色彩设计

意象仿生不同于其他仿生完全通过视觉、触觉等直接感知，而需要根据人们的既往经验进行联想，从而产生一定的生理、心理效应，达到对意象仿生产品的情感共鸣。通过意象仿生设计出来的产品，往往具有特定的文化特征和情感表达。被称为"四君子"的梅、兰、竹、菊，分别代表着傲、幽、坚、淡的品质，以此为意象仿生对象应用到产品外形设计中，可以引起人们对于这四种品质的向往，也为产品赋予了一定的文化艺术价值。例如，在中式庭院的窗户中融入梅花元素，能够彰显庭院环境的风雅格调，如图1-23所示。

图1-22　鹦鹉羽毛色彩仿生和产品包装设计

图1-23　梅花意象的中式庭院窗户设计

产品仿生设计

1.4 产品仿生设计方法

1.4.1 整体仿生设计与局部仿生设计

整体仿生设计就是以仿生生物的整体形态作为模仿对象，并全部应用于产品外形仿生设计中，突出产品的完整性，可以给人们带来直观的自然感受。例如，Eleanor Trevisanutto 设计的模仿动物造型的闭路电视摄像头盒子，能够改变传统摄像头冷酷、形象单调等特点，增加了产品的生动性，有利于美化环境（图1-24）。但是，由于自然世界生物形态多样，单个生物形态亦纷繁复杂，产品外形直接融合难度较大，设计方案容易区域生硬、单调。

局部仿生设计一般分为两种情况[25]。在产品设计中只模仿生物的局部形态，如分别模仿鲸鱼尾巴、鹿角的椅子；在产品的局部位置采用仿生法进行造型设计，例如熊猫汽车中，设计师将尾灯模仿熊爪形态进行了仿生设计（图1-25）。局部设计相较于整体设计具有更高的灵活性和准确性。

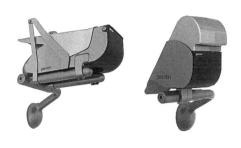

图1-24 Eleanor Trevisanutto设计的摄像头盒子仿生设计

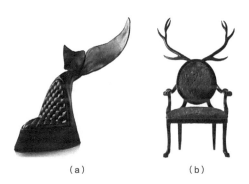

（a） （b） （c）

图1-25 （a）Maxmio Riera鲸鱼椅；（b）Merve Kahraman鹿角椅；（c）熊猫汽车

1.4.2 具象仿生设计与抽象仿生设计

具象仿生设计是指设计师直接生动地表现产品形态的生物原型的形态特征，在设计过程中，选择生物的全部或局部进行直接模拟，以形似为目标，通常采用借用、移植或替代等创造性思维方法进行仿生[31]。但由于具象实体本身的复杂性，不利于工业生产，且仿生层次较浅，采用此方法进行的产品外形仿生设计比重逐步减小。

抽象仿生设计是一种超越感觉、直觉的思维层次，发挥知觉的整体性、选择性、判断性，以神似为目标的设计活动[32]，以抽象化、几何化和简洁化处理后的简单形式来表现生物形态、功能特征，应用到产品设计中。抽象设计具有很好的通用性，可以使人们产生丰富的联想，产生情感共鸣，如图1-26、图1-27所示。

图1-26　Karl Zahn设计的桌面储物摆件

图1-27　"鱼动鸟鸣"仿生椅子设计

产品仿生设计

1.4.3 意象匹配

在较早的研究中，仿生更多地以一种创新设计思维应用于产品设计中，设计师利用直观和感性的思考，从认知心理学、语意学、符号学出发，运用思维草图、头脑风暴等方法在产品外形仿生设计目标基础上进行创新和探索。

邵景峰[33]、许永生[34]、冯海涛[35]认为确立对于目标生物的心理认知模型非常重要，自然生物形态在人们心中都有着一定的心理认知，且与目标产品之间存在联系；于学斌[36]、康红娜[37]结合符号学知识，分析生物及产品符号语义，基于产品仿生设计目标功能语义关联法进行仿生；万里[38]引入了感性工学的相关理论，对样本进行感性意象词汇表达，得到仿生物的感性意象词汇集合，利用SPSS计算得出生物感性因子，根据层次分析法，将感性因子进行系统分解，将描述生物的感性因子向产品设计语言进行转化和分解（图1-28）。

从前面所述的几种产品仿生设计方法中可以看出，目前的产品仿生设计较多是设计师根据其直觉和经验进行的，它是定性而不是定量的对产品进行仿生设计。在基础科学和应用技术之间的相互作用不断增长的今天，期望能够产生可能有助于未来工业技术勘探的基础和先进成果[39]，仿生设计被视为科学而非设计方法。进一步研究发现，越来越多的研究者开始关注基于产品仿生设计的数字化、自动化研究，并取得了一定的成果。

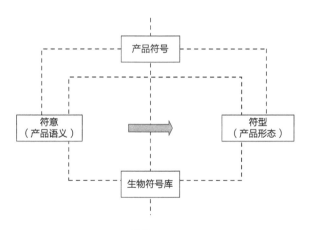

图1-28　生物符号对产品概念设计的意义[36]

1.4.4　生成设计

生成设计（Generative Design）是通过各种自动生成机制来协助设计师快速产生并合理评估选择方案的一种设计计算技术[40]。Birkeland在描述仿生学在工业设计中的应用时，首次提出了"将基因运算法则引入到工业设计中"，为数字化产品仿生设计指出了新的研究方向[41]。陈泳[42]基于产品外形设计表达领域的基因、DNA的概念，建立基因与表达规则，将提取的生物基因以及产品基因进行基因重组，根据设计目标的产品要素进行基因的组合匹配、筛选，获得产品创新设计方案。孙思策[43]在仿生设计中，将设计进行参数的量化，运用数字图解的方法，分析生物形体的特征并转化为图解的形式，编写成参数化的程序，通过程序生成仿生的形体。郭南初[24]利用遗产算法进行产品形态数字化仿生设计，在产品形态和生物形态中选定特定的表面来生成遗传算法中的染色体，通过染色体的交叉和变异得到若干新的产品形态（图1-29）。

与传统的产品仿生设计方法相比，借助计算机技术辅助设计可以帮助设计师更加方便快捷地生成创新设计方案，但其对设计师所需要具备的计算机相关知识有一定的要求。

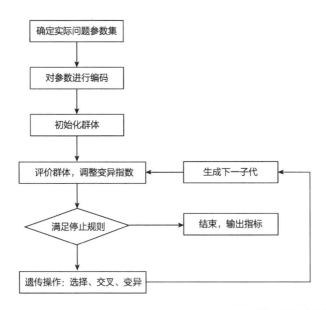

图1-29　形态仿生遗传算法实现

　　　　　　　　　　　　　　　　　　　　　　　　　　　　　　产品仿生设计

1.4.5　生物耦合与多生物效应

生物耦合是研究生物和产品关联匹配的一种方法。吉林大学的任露泉等[44]用生物耦合概念来捕捉生物知识当中的创造性灵感，在此基础上，多生物效应从多元耦合的角度系统性地研究生物模型，并应用于仿生设计中；河北工业大学刘伟等[45]提出了用多生物效应来获取生物知识与产品之间的关联性，帮助仿生设计者获取合适的生物知识来完成创新设计；曹小良[46]以头盔设计为例，对头盔的功能进行分析，得到了以保护头部以及情感体验为主干的功能结构树，通过多生物效应仿生模型得到啄木鸟为最佳仿生对象（啄木鸟头部外形与内部结构的结合能实现减震功能，且其骨质结构可用工程材料替代，外形形态更适合头盔设计）；刘小民等[47]基于逆向工程设计方法，将叶片与苍鹰翼翅前后缘典型结构特征进行融合，设计出了一种前缘波形结构耦合缘齿形结构的仿生叶片；陆冀宁等[48]利用相应的技术手段量化生物耦合信息，建立关于生物功能与耦元、耦联及其实现模式间的物理模型，并进一步运用数学语言进行抽象表述，使之成为具有普遍意义的数学模型（图1-30）。

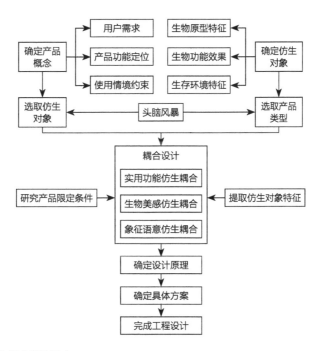

图1-30　生物耦合设计程序

生物耦合在工程设计中是一种已经广泛使用的设计方法，在产品仿生设计中的应用目前还比较少，其获取生物知识与产品之间关联性的仿生模式值得借鉴，在多维度（形态、功能等）的产品仿生设计中具有重大意义。

1.4.6 生物类比

所谓类比（Analogy）就是通过寻找和确定两个事物之间的对应关系，根据一方的性质和属性，来推测与其具有相似性的另一事物的相关属性[49]。生物类比是仿生设计中用来激发创新设计概念的一种行之有效的方法[50]。

在Vandevenne等[51]的研究中，运用类比的仿生设计方法，从自然世界中获取原理知识，实现从生物到工程的知识迁移，并将其应用到设计问题，生成具有创新性的概念设计方案。Wilson等[52]基于表面不相似的类比实例，验证了基于类比的仿生设计能够提高概念设计过程所生成概念的创新性；在仿生设计过程中，无法自发地认识到生物知识对目标问题的针对性，通常由设计师进行相关生物现象的选择和使用，受到设计师专业知识和生物知识等方面的限制，有一定局限性和误用的风险。更好地理解仿生设计中的认知过程可以帮助改进类比模型和相应的启发，生成更有效的仿生概念设计[53]。为了使设计师更容易实现仿生设计的应用，需要一种通用的方法，以客观和可重复的方式判别和使用生物知识。Cheong等[54]针对以文本为描述载体的生物现象实例，构建包含因果关系的知识模板来支持基于类比的仿生设计。Helfman等[55]、Nagel等[56]针对仿生设计，采用功能分解的方法来识别生物实例的可迁移属性。美国佐治亚理工学院的Goel等[57]则构建了包含仿生设计研究实例的资料库来辅助设计者进行仿生类比。Mark等[58]建议在建立以通用性介绍文本描述的仿生搜索资料库时，对生物知识的详细信息与更易理解的一般信息进行权衡选择。

生物类比方法也是由工程设计领域发展而来，它较好地完成了传统的仿生设计方法与现代计算机技术的融合，是产品设计中较为全面的一种仿生设计方法（图1-31）。

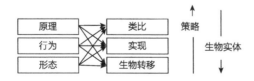

图1-31　生物类比的抽象性层次和相似性类别

1.4.7　发明问题解决理论

发明问题解决理论（Theory of Inventive Problem Solving，TRIZ）是系统化的产品创新设计的理论知识工具，包括问题的分析策略和相应的解决工具，为设计人员提供了解决问题和技术创新的方法。

在仿生设计过程中，将遇到的技术性问题运用 TRIZ 理论中的"发明原理"进行求解。在TRIZ理论推广应用到仿生设计的过程中，Vincent等[59]提出扩展TRIZ数据库，将生物信息和原理整合到数据库中；英国巴斯大学的Bogatyrev等[60]构建基于TRIZ理论的生物效应知识库来辅助仿生设计过程。

TRIZ作为一种辅助仿生设计的工具，解决了仿生设计过程中遇到的矛盾、问题，是实现多维度（形态、功能等）产品仿生设计的关键。

1.5　产品仿生设计存在的问题

产品仿生设计一般都是设计师凭借自身经验与灵感，根据设计目标将个人设计意图反映到产品创新设计中，具有一定的模糊性与不确定性，难以形成完整的科学设计方法供学术界和企业参考，如图1-32所示，主要存在以下几个主要问题。

1.5.1　缺乏好的映射策略

通常，能否从生物原型中获取有效的信息用于产品创新设计是仿生设计过程中的关键所在。然而，在选择生物原型和使其发挥良好作用之间存在着一定的差距。因此，好的仿生设计映射策略至关重要，目前的研究中，通常以设计师的主观判断来选择仿生对象，仿生设计映射缺乏一定的科学性。

1.5.2　缺乏有效的特征提取方法

人工仿生物的设计一般依赖设计师个人的理解，手工从仿生物中提取形态、结构等特征或者直接模仿。生物是由自然界进化而来，形态、功能、结构、色彩等特征具有天

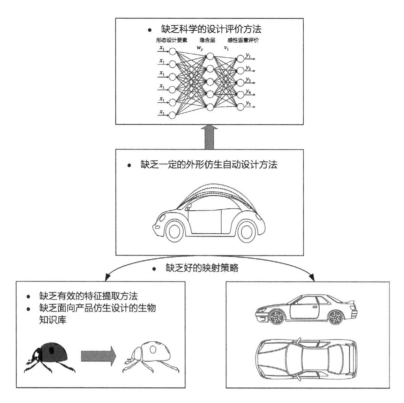

图1-32 产品仿生设计存在的问题

然的复杂性。产品仿生设计需要借助一定科学的特征提取方法,形成丰富的仿生原本特征。

1.5.3 缺乏面向产品仿生设计的生物知识库

在产品设计过程中,能否准确获取和表达生物外形本征,并用于创新设计中以满足产品设计表达是一个关键问题。生物特征的构成关系复杂多样,准确获取与表达是仿生设计的第一要务。通过深度学习、仿生计算等方法,高效、准确的生物特征自动获取、自动选择表达,通过认知心理学、符号学、语意学等方法对生物特征进行解读,最终形成产品仿生设计生物知识库,供设计师快速获取和调用仿生设计所需的相关生物知识。

1.5.4　缺乏一定的外形仿生自动设计方法

设计师提取仿生形态特征后，借助已有的三维工具如Rhino、Pro-E、UG等进行手工建模并应用于产品的局部设计，存在着一定的差异性。物竞天择，进化方法能自动辅助设计，解决生物外形细节复杂、工作量大的问题，通过生成、删减、融合变化等辅助设计师提高工作效率，生成高端、平滑、优美以及和谐的设计。

1.5.5　缺乏科学的设计评价方法

仿生对象与产品设计要素之间缺乏明晰的层次映射与融合关系，设计师的编码过程与消费者的解码过程事实上是一个粗放的开环系统，产品仿生设计评价往往依赖主观感觉而缺乏一定的科学依据。

1.6　产品仿生设计研究热点与发展趋势

产品仿生设计的研究工作需要结合设计学、心理学、生物学、计算机技术等多学科的理论知识来开展，由于其研究时间尚短，理论体系尚不完整，但已有一定的理论基础。随着人们生活形态的变化和技术的日益进步，仿生设计将被应用到更加宽广的领域，如建筑设计、服饰设计、桥梁、包装、字体、园林、产品、医学等。随着设计与信息技术的整合发展，产品仿生设计的研究热点和发展趋势将在以下几个方面展开（图1-33）。

1.6.1　产品仿生设计的规律和特征

规律是事物内部本质的必然联系。产品仿生设计是师法自然的艺术表现，通过概括、提炼等设计手段将自然形态转化为源于自然而高于自然的艺术境界，从而达到给人以美的享受。仿生设计作为产品创新设计研究的重要内容之一，其规律和特征将成为业界和学术界研究的热点。近年来，人们对人与自然和谐发展的重视程度越来越高，仿生作为产品创新设计的重要灵感来源之一，如何更好地将生物外形本征与产品外形相融

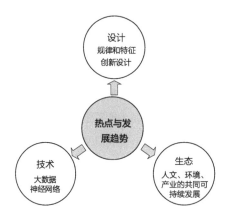

图1-33　仿生设计热点与发展趋势

合、与用户需求相匹配，形成合理且有效的映射策略，将成为人们对于产品仿生创新设计的研究重点方向之一。

1.6.2　仿生形态的创新设计

生物外形本征与产品外形的融合，影响着产品创新设计、选择与组合的质量和速度。生物外形本征与产品外形的匹配，需要建立新的模型以管理产品仿生设计创新知识和其他知识。如何建立生物外形与产品外形的映射关系，如何建立生物外形本征与产品外形语义的融合模型，如何对仿生设计结果进行有效的评价与优化，从而建立具有智能化学习与推理机制的融合进化原型系统，是实现并优化仿生形态创新设计的重要手段。而如何建立具有创造性、智能化和进化机制的产品创新设计环境，降低设计成本，提高设计效率，将是仿生形态创新设计关注的一个重要问题。

1.6.3　与先进技术的结合

在大数据时代，仿生设计对其相关数据（包括生物外形特征提取、产品设计表达、仿生设计评价等）的存储、管理、调用的方法和工具提出了更高的要求，传统的技术手段无法帮助我们从大数据中得出预测的结论。神经网络和大数据的结合，可以清楚地了

　　　　　　　　　　　　　　　　　　　　　　　　　　　产品仿生设计

解数据真正的价值和意义，而以神经网络为代表的深度学习，让我们可以以人工智能的手段获得最佳的设计方案。同时，随着虚拟技术的日趋成熟，虚拟现实、增强现实、混合现实等技术可以为仿生设计创建具有真实感的虚拟现实环境，更好真实有效地对仿生设计进行评价与优化。

1.6.4 仿生生态设计

在"新技术、新模式、新业态、新产业"不断涌现的今天，科技、文化、设计、商业、信息融合在一起，仿生设计需要与人文、环境、产业等多方面融合创新。自然界经过了38亿年的演化，在资源的高效利用、环境的自我修复、生态的和谐发展等方面都有着很大的借鉴意义。仿生设计本身源自于自然生态，为仿生设计赋予生态设计的理念，模仿大自然的内在发展规律，可以实现人文、环境、产业的共同可持续发展。

这是一个崇敬自然的时代，仿生正是人类师法自然、学习万物的重要途径。仿生设计学同时具有设计学的特点和仿生学的特点，但它又不同于这两门学科，仿生设计学具备艺术性、科学性、商业性、学科知识的综合性、学科的交叉性，这些特征是单纯的仿生学或者设计学所不具备的。产品仿生设计不仅在工业设计领域是一种行之有效的创新方法，可以指导产品的设计与研究；此外在教育领域中，在仿生设计思维的积极影响下，学生将设计知识与其他学科领域有效整合，设计创新能力能够显著提高。

总体来说，目前对于产品仿生设计仍处于起步阶段，如何更好地将仿生应用于科研、商业、工业等领域，需要更加深入地探索自然、融合仿生。

参考文献

[1]　王健. 人与自然的和谐 [M]. 长春：吉林美术出版社，2013.
[2]　杨扬. 企业家能力与企业绩效关系研究——基于我国中小企业的经验证据 [D]. 苏州：苏州大学，2012.
[3]　钟春平. 创造性破坏与经济增长 [D]. 武汉：华中科技大学，2004.
[4]　Jormakka K. Basics design methods [M]. Basel：Birkhäuser，2017.
[5]　刘永琪. 国际设计组织宣布的工业设计新定义的内涵解析 [J]. 商场现代化，2015（26）：239-240.
[6]　李陵申. 以科技进步助推纺织强国建设——在2016年纺织科技教育成果奖励大会上的讲话

［EB/OL］. http://www.cuzhiwang.com/thread-11123-1-1.html，2016-11-24.

［7］ 何晓佑，刘宁，张凌浩，王潇娴. 设计驱动创新发展的国际现状和趋势研究［M］. 南京：南京大学出版社，2018.

［8］ 李若辉. 产品表达方式的研究——产品语义表达手法对产品仿生设计表达的应用研究［D］. 天津：天津理工大学，2009.

［9］ 罗仕鉴. 新定义工业设计［J］. 设计，2015（14）：154-155.

［10］ 工信部联产业. 关于促进工业设计发展的若干指导意见［EB/OL］. http://www.gov.cn/zwgk/2010-08/26/content_1688739.htm，2010.

［11］ 创新设计发展战略研究项目组. 中国创新设计路线图［M］. 北京：中国科学技术出版社，2016.

［12］ 路甬祥. 设计的进化与面向未来的中国创新设计［J］. 装备制造，2015（01）：46-51.

［13］ 柳冠中，何人可. 工业设计史［M］. 北京：高等教育出版社，2010.

［14］ 罗仕鉴，张宇飞，边泽，等. 产品外形仿生设计研究现状与进展［J］. 机械工程学报，2018，54（21）：138-155.

［15］ 李彦，刘红围，李梦蝶，等. 设计思维研究综述［J］. 机械工程学报，2017，53（15）：1-20.

［16］ Chen H，Zhang P，Zhang L，et al. Continuous directional water transport on the peristome surface of Nepenthes alata［J］. Nature，2016，532（7597）：85.

［17］ Nachtigall W，Wisser A. Bionics by examples［M］. Heidelberg：Springer，2014.

［18］ Pohl G，Nachtigall W. Biomimetics for Architecture & Design：Nature-Analogies-Technology［M］. Springer，2015.

［19］ Yargın G T，Firth R M，Crilly N. User requirements for analogical design support tools：Learning from practitioners of bio-inspired design［J］. Design Studies，2018，58：1-35.

［20］ Nachtigall W，Wisser A. Bionics by examples：250 scenarios from classical to modern times［M］. New York：Springer，2014.

［21］ Deldin J M，Schuknecht M. The AskNature database：enabling solutions in biomimetic design［M］//Biologically inspired design. London：Springer，2014：17-27.

［22］ Wan Y，Qiu Z，Hong Y，et al. A Highly Sensitive Flexible Capacitive Tactile Sensor with Sparse and High - Aspect - Ratio Microstructures［J］. Advanced Electronic Materials，2018，4（4）：1700586.

［23］ 中研股份，南方科技大学在仿生微结构柔性电子皮肤领域取得重要进展［EB/OL］. http://www.zypeek.cn/Home/Mtzx/hyyw_content/id/2694/catid/46.html.

［24］ 郭南初. 产品形态仿生设计关键技术研究［D］. 武汉：武汉理工大学，2012.

［25］ 蔡克中，张志华. 工业设计仿生学的应用研究［J］. 装饰，2004（130）：73.

［26］ 孙宁娜，董佳丽. 仿生设计［M］. 长沙：湖南大学出版社，2010：6-25.

［27］ Miao D，Sui X，Xiao L. Bionic design and finite element analysis of elbow in ice transportation cooling system［J］. Journal of Bionic Engineering，2010，7（3）：301-306.

［28］ 张德远，蔡军，李翔，等. 仿生制造的生物成形方法［J］. 机械工程学报，2010，46（05）：88-92.

［29］ 孙宁娜，张凯. 仿生设计［M］. 北京：电子工业出版社，2014.

［30］代菊英．产品设计中的仿生方法研究［D］．南京：南京航空航天大学，2007.

［31］邓为彪．灯具仿生设计研究［D］．武汉：湖北美术学院，2017.

［32］蔡江宇，金玲．仿生设计研究［M］．北京：中国建筑工业出版社，2013.

［33］邵景峰．仿生设计在汽车造型设计中应用的研究［D］．上海：上海交通大学，2007.

［34］许永生．产品造型设计中仿生因素的研究［D］．成都：西南交通大学，2013.

［35］冯海涛．电动自行车车身造型仿生设计研究［D］．长春：吉林大学，2016.

［36］于学斌．产品仿生设计目标功能语义关联法研究［D］．北京：北京服装学院，2008.

［37］康红娜．汽车造型仿生设计及其符号性［D］．长沙：湖南大学，2012.

［38］万里．基于形态仿生的游艇造型设计方法研究［D］．武汉：武汉理工大学，2012.

［39］Tateishi T. Trail of bionic design［J］. Materials Science Engineering，2001（17）：1-2.

［40］Stacey M. Psychological challenges for the analysis of style［J］. Ai Edam，2006，20（3）：167-184.

［41］Birkeland J. Design for sustainability：A sourcebook of integrated eco-logical design［M］. London：Earthscan Publications，2002.

［42］陈泳．基于仿生学的产品概念设计方法学探索［D］．杭州：浙江大学，2004.

［43］孙思策．仿生形态参数化在景观设计中应用探究［D］．南京：东南大学，2017.

［44］任露泉，梁云虹．生物耦合生成机制［J］．吉林大学学报，2011，41（5）：1348-1357.

［45］刘伟，曹国忠，檀润华，等．多生物效应技术实现方法研究［J］．机械工程学报，2016，52（9）：129-140.

［46］曹小良．工业设计环境下多生物效应的研究及应用［D］．天津：河北工业大学，2015.

［47］刘小民，赵嘉，李典．单圆弧等厚叶片前后缘多元耦合仿生设计及降噪机理研究［J］．西安交通大学学报，2015，49（3）：1-10.

［48］陆冀宁，徐伯初，丁磊．3种不同的高速列车头车造型仿生设计［J］．包装工程，2017，28（2）：26-30.

［49］Miles L D.，Techniques of value analysis and engineering［M］. New York：Mc Graw Hill，2015.

［50］Mark T W，Shu L H. Abstraction of biological analogies for design［J］. CIRP Annals，2004，53（1）：117-120.

［51］Vandevenne D，Pieters T，Duflou J R. Enhancing novelty with knowledge-based support for biologically-inspired design［J］. Design Studies，2016，46（9）：152-173.

［52］Wilson J O，Rosen D，Nelson B A，et al. The effects of biological examples in idea generation［J］. Design Studies，2010，31（31）：169-186.

［53］Cheong H，Hallihan G，Shu L H. Understanding analogical reasoning in biomimetic design-an inductive approach［C］//Design Computing and Cognition'12，Texas，2014：21-39.

［54］Cheong H，Shu L H. Using templates and mapping strategies to support analogical transfer in biomimetic design［J］. Design Studies，2013，34（6）：706-728.

［55］Helfman C Y，Reich Y，Greenberg S. Biomimetics：structure-function patterns approach［J］. Journal of Mechanical Design，2014，136（11）：111108.

［56］Nagel J K S，Nagel R L，Stone R B，et al. Function-based biologically inspired concept generation [J]. Artificial Intelligence for Engineering Design Analysis & Manufacturing, 2010, 24 (4): 521-535.

[57] Goel A, Zhang G, Wiltgen B, et al. The design study library Z: Compiling, analyzing and using biologically inspired design case studies [C] //Design Computing and Cognition 14. Berlin, GER: Springer International Publishing, 2015, 625-643.

[58] Mark T W, Shu L H. Using descriptions of biological phenomena for idea generation [J]. Research in Engineering Design, 2008, 19 (1): 21-28.

[59] Vincent J F V, Mann D L. Systematic technology transfer from biology to engineering [J]. Philosophical Transactions Mathematical Physical and Engineering, 2002, 360 (1791): 159-173.

[60] Bogatyrev N, Bogatyreva O. BioTRIZ: a win-win methodology for eco-innovation [M] // Eco-innovation and the Development of Business Models. Springer, Cham, 2014: 297-314.

第 2 章
产品仿生设计知识体系

古希腊三大柱式之一的科林斯柱式就是以古希腊人喜爱的植物毛茛叶仿生而来（图2-1）。仿生设计常见于建筑设计、机械设计、产品设计中。以往的产品仿生设计往往以设计师灵感为中心进行发挥。从研究角度进行产品仿生设计，还需要建立起规范的体系，总结围绕仿生设计的研究内容、研究方法和研究难点，更好地辅助设计。

本书从仿生设计的三个层次、产品仿生设计的研究内容与体系结构、产品仿生设计的过程以及产品仿生设计的关键技术入手，阐述产品仿生设计的知识体系。

图2-1　科林斯柱式

　　　　　　　　　　　　　　　　　　　　　　　　　　产品仿生设计

2.1 仿生设计三个层次模型

仿生设计从自然界中寻找设计出发点，把自然符号转化为产品符号，并使之表现出自然的某些特性。产品语意则根据人类的生活、生理等各个方面的特点，研究如何应用符号系统表达产品本身以及深层次内涵。仿生设计着重于自然和产品的关系，其设计重点在于在产品中体现自然，反射自然。产品语意着重于产品和人的关系，其重点在于表达产品[1]（图2-2）。

人和自然是相互联系的，自然中的一些特定的现象和规律是人们所熟知的。所以，产品语意在处理产品和人的关系中，可以借鉴和应用自然与人之间所形成的这种特殊关系，以自然为工具，来更好地实现产品和人的交流：即利用仿生设计对自然的处理手法，以仿生设计为切入点，通过人对自然的认识，把产品的信息更好地传达给人。

仿生设计主要处理人、产品与自然之间的关系，如图2-3所示。

仿生设计的核心是产品设计，研究产品如何设计，包括外形、结构、材料、色彩、材质等；目标是满足人的用户体验，带来高情感；而输入是生物仿生，即生物界的形态、材质、结构等如何融入产品建模中。仿生设计可以用三个层次模型进行描述，即：本体层、行为层和价值层[2]。

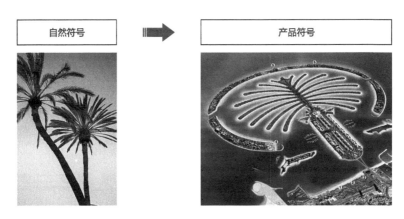

图2-2　椰树—迪拜棕榈岛

本体层关注的是产品的本来特征、产品的设计流程以及产品给用户带来的第一感受；行为层偏重于生物形态如何融入产品形态的过程，如产品的功能、性能以及可用性层面的感受，以及用户在使用过程中的人机性、趣味性、操作效率和人性化程度等；价值层侧重于产品最终所产生的情感价值（Emotional Value）、社会价值（Social Value）以及共创价值（Co-Value）。仿生设计三个层次模型及关系如图2-4所示。

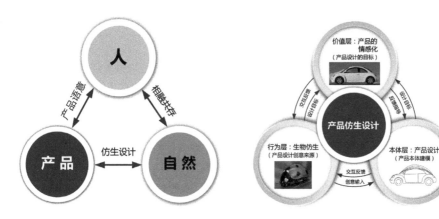

图2-3　人、自然与产品之间的关系　　　　图2-4　仿生设计的三个层次模型

2.1.1　本体层

本体层：产品建模。

本体层的设计关注的是设计和产品本身，包括产品外观造型、结构、各部件及系统之间的关系，而这些都会影响到用户第一眼的感受。

本体层的设计是通过人体感官对于产品本身的物理属性的不同感受来与用户进行交流的，产品的物理属性即产品所具有的外在的形态、色彩、肌理、结构、材质等可见、可听、可触、可闻的符号，用户的感受则来自于产品的物理属性对人体触觉、视觉、听觉、温度觉等感觉器刺激之后产生的感觉（图2-5）。

而产品物理属性的表现，主要通过建模的方式来实现。目前，建模方式以参数化建模为主，有变量几何法和基于结构生成历程的方法等[3]；参数化设计采用参数预定义的方法建立图形的几何约束集，包括编程方式和基于模板的方式[4]。应济等[5]提出了通过尺寸参数模型构造特征参数模型的方法；饶金通等[3]结合基于特征的参数化建模技术对倒角建模技术进行了探索；白贺斌等[6]、罗煜峰[7]、叶鹏等[8]分别利用 Pro/E、SolidWorks、UGNX平台的二次开发功能，介绍了参数化建模的优化方法；廖庚华等[9]采用CATIA对8个仿生风机和1个原型风机进行实体建模（图2-6）。

　　本体层的建模来源于仿生，让用户产生某种相关联想，给人们带来最淳朴的乐趣，满足人们返璞归真、追求自然的情感需求。上述研究成果为仿生设计的本体层建模提供了技术支持。

　　产品本体层的内容将在第3章从生物特征提取的具象提取、抽象提取、草图表达、产品建模、参数化建模几部分进行展开（图2-7）。

2.1.2　行为层

　　行为层：生物仿生。

　　行为层的设计，关注产品的交互及操作性。产品仿生设计是在研究生物的基础上向自然索取的设计手段，开创了科学技术和工业设计的发展新思路[10]。生物的仿生是多

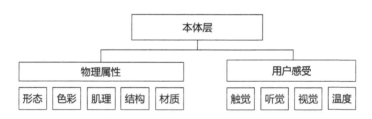

图2-5　本体层涵盖内容

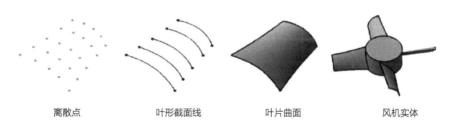

离散点　　　　　叶形截面线　　　　　叶片曲面　　　　　风机实体

图2-6　基于参数化建模的轴流风机3D模型

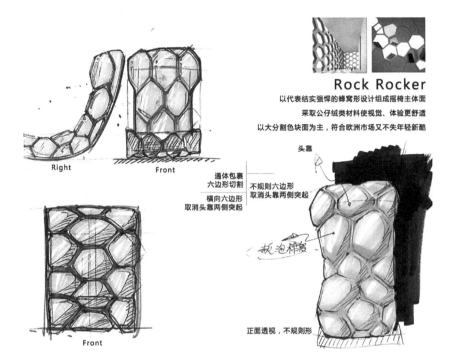

Rock Rocker

以代表结实强悍的蜂窝形设计组成摇椅主体面

采取公仔绒类材料使视觉、体验更舒适

以大分割色块面为主，符合欧洲市场又不失年轻新酷

Right

Front

Front

通体包裹 | 不规则六边形
六边形切割 | 取消头靠两侧突起
横向六边形
取消头靠两侧突起

头靠

软泡椅度

正面透视，不规则形

图2-7 Rock Rocker座椅草图，仿生蜂窝

种多样的，产品设计的功能、结构、形态、肌理、色彩仿生相辅相成、不可分离。例如，在产品设计中色彩的仿生必须是依附于某种形态造型的，因此处理好造型和色彩之间的关系十分重要[11]。在产品仿生设计中，产品的功能、结构、形态、肌理、色彩等可以从同一模仿对象或不同对象中抽取出来，如何有效地融合是产品仿生设计行为层关注的重点。

如图2-8为功能性融合仿生的案例，Kai Lin是Pratt Institute的一名设计专业学生，他在假肢设计课堂上研究假肢时发现传统的腿部修复手术的紧度往往不够好，而且关节处也无法有效帮助攀岩。对于这个问题，Lin给出了自己的解决方案——极简。他设计了一个假肢，灵感则来自于自然界的攀岩高手——山羊（图2-8）。

山羊在几乎垂直的岩石表面上行走得游刃有余，Lin发现山羊蹄上面的凹面可以在硬表面上形成天然的吸力。而且，山羊蹄坚硬的外壳让它们可以在陡峭的岩石上面稳稳地站立。正是受到山羊蹄的启发，Lin开发出了三个脚柱原型，帮助他优化基脚假肢设计[12]。

图2-8　山羊蹄假肢（设计师：Kai Lin）

产品行为层将在第4章的功能性融合、视觉性融合、意向性融合仿生进行详细阐述。

2.1.3　价值层

价值层：产品的情感化，关注人的体验、文化共鸣。

价值层的设计是在本体层、行为层之上的更高层次的情感化设计。价值层的设计，是在产品造型设计和功能实现的前提下，更多地去关注产品的内在，关注产品所传达的信息，关注产品背后的故事以及文化内涵，引起消费者的情感共鸣，最终形成特有的产品形象和社会价值，甚至是共创价值。

产品仿生设计中由于仿生对象的自然属性，使得设计也必然或多或少地映射出同大自然千丝万缕的联系，在设计里面蕴含着自然，因而仿生设计的产品更具亲和力。人们通过产品仿生设计对自然进行不断地探索与研究，结合科学技术的发展以及多学科理论的系统化应用，对仿生对象的结构、功能、形态、色彩等一系列特征的提取、分析与模仿，创造出丰富的产品形式，不断为人类创造更加理想的生活方式，创造了多彩的物态文化，提高了工作生产效率，更满足了人们更高层次的心理需求，即对情感、个性化及生活情趣的追求。

仿生情感化设计能给人带来亲切的体验，唤醒某些情感和回忆。日本产业技术综合研讨所研发的海豹型机器人Paro（图2-9）对痴呆症患者具有显著疗效，研究观察了920例在医疗过程中应用海豹型机器人Paro的痴呆症患者，总体上对60%的病患有显著的冷静效果，减轻了焦虑行为。Paro安装了12个功能各异的传感器，它们分布在头、背、下巴、四肢甚至胡子上，这让Paro像动物一样拥有了比较丰富的触觉。另外，Paro拥有一定的活动能力，比如它的眼睑可以开闭。在听觉方面，Paro还安装了声音识别系统，它知道声音发出的方向，听得出什么是赞美和问候，也知道什么是发怒生气，它还可以学习自己的名字。另外，它的感光装置能分辨白天和黑夜，它的位置感受装置可以判断自己是处于被抱着，还是处于跟主人相对的状态。经过肢体接触，可以唤醒痴呆症病人昔日养育子女、养殖宠物的记忆[13]。

从前，人们会用采摘的树叶来促进伤口的愈合。绿叶创可贴的设计在心理上延续了这种原始的感受，让使用者在体验趣味的同时建立正确使用创可贴的意识（图2-10）。绿叶创可贴能够提示人们要及时更换创可贴。它表面使用特殊的变色材料，当感应人皮肤表面的温度时开始发生变色反应，当创可贴使用超过3天时它将变成枯萎的颜色，以提示人们及时更换创可贴，避免伤口感染[14]。

图2-9　海豹型机器人Paro

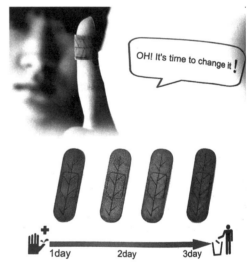

图2-10　2015德国红点概念奖获奖作品——绿叶创可贴（设计者：林思安、叶文仔、杨磊、杜佳辰）

产品仿生设计价值层的内容将在第5章进行详细阐述。

这三个层次以本体层为基础，以价值层为目标，以行为层为来源，互相关联，相互支撑。

2.2 产品仿生设计的研究内容与体系结构

产品仿生设计以生物体外形为设计创意源，通过融合将生物外形应用于产品外形中，创造性地完成产品创新设计，塑造独特的产品形象。基于上述对产品仿生设计工程与方法的研究可知，产品仿生设计主要是在生物外形本征提取、表达和产品设计表现的基础上，对生物外形本征与产品外形进行融合，通过产品仿生设计评价对产品形象不断优化的过程，其研究内容及相互关系如图2-11所示。

图中产品外形设计表达部分的相关研究已经比较成熟，而目前对于生物外形本征的提取与表达、生物外形本征与产品外形融合的研究还比较少，包括设计思维、计算机辅助设计等方面，值得深入探讨和研究。

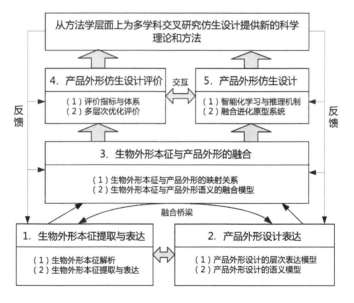

图2-11 产品外形仿生设计的研究内容与体系结构

2.2.1 生物外形本征提取与表达

通过几个突出的特征，不仅能够确定一个知觉对象的认识，还能创造出一个完整的形态式样[15]，因此提取生物外形本征是产品仿生设计的重要前提。表现生物原型的整体特征时一般优先表现关系特征，而表现局部特征时则要根据所选局部的具体情况来确定是表现要素特征还是表现关系特征[16]。由格式塔心理学的知觉组织法则可知，人们总会按照一定的形式把经验材料组织成有意义的整体，回顾历年的研究，可以看出学者们是如何利用视觉思维的规律来对生物形态特征进行提炼和演化的。

在早期研究中，生物外形简化是生物外形本征提取与表达的重要方法[17]。简化是一种对形态进行概括、提炼、统一的法则，具有单纯明了、和谐协调的美感[18]。简化实质上是指一个事物结构特征数量的减少过程[19]，逐渐消去复杂的形态和细节。简化前，必须对生物的整体结构进行认真分析，才能准确地提取和简化生物的主要结构特征[20]。简化过程需要遵守重要特征优先原则、特征相似性原则、简洁性原则与产品形态相匹配原则，对生物外形进行规则化、条理化和秩序化、几何化、变形与夸张、组合与分离等方法处理。通过这种方式，生物外形本征便能够在产品外形仿生设计中得到准确的表现，使产品造型脱离具象的生物原型而走向简单概括的抽象形态（图2-12）。冯海涛[21]、景于[22]用简化的方法提取生物特征，并利用Photoshop、Illustrator等工具对特征线进行了图形化表达。

图2-12　牛的简化（作者：毕加索）

在简化的基础上，研究者们逐渐开始利用计算机技术对生物外形本征进行提取，用特征线、自由曲面等模型进行表达[8]（图2-13）。康红娜[23]采用点阵式对关键特征点的提炼方法，找到生物代表性特征的点阵集合。

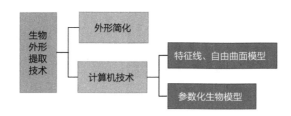

图2-13　生物外形提取技术

为了方便对生物模型进行计算机处理，生物外形数学模型的获取与表达得到了广泛的应用，将生物图像或实体扫描输入计算机中，并将其参数化[24]。王姝歆等[25]利用Origin软件对图片中的昆虫翅膀外形进行拟合处理，并计算得到展弦比，以此为基础设计和研制柔性翅膀；郭南初[26]通过激光扫描或光学照相的方法进行扫描或测量，获得生物点云数据，利用逆向工程软件对点云数据进行处理，形成三维CAD模型，将生物模型通过遗传算法及MATLAB等数学工具将其变成数学模型用于仿生融合；Kim等[27, 28]运用几何形态学的方法，根据一定的原则选取标点或曲线（轮廓线），并利用这些标点或曲线代表形态结构的信息；Jia等[29]通过立体镜 XTJ-30获取蝗虫的几何形态图像，并将其输入 MATLAB软件，运用数学形态的图像处理方法，测量并提取相应的形状与结构元素，采用二进制图像和数学形态学边缘检测，可以减少噪音和无效的边缘，使边缘检测更加顺滑和准确，最后通过 Origin软件进行外边界拟合处理得到蝗虫门齿外边缘曲线；袁雪青等[30]基于CorelDraw平台提取生物外形轮廓，建立仿生基因库，利用贝塞尔曲线数学表达的方式来统一转化生物外形本征轮廓线，将其转化为锚点和曲率控制点两种要素组合，对特征线进行基因表达；孙思策[31]对生物形体的特征进行了分析，将此转化为图解的形式，然后将这些形式编写成参数化的程序。

生物外形本征数字化无法可视化，不能直观地展示生物外形体征，但其可以利用计算机进行数据处理，为生物外形本征与产品外形的融合奠定了良好的基础，如图2-14、图2-15所示的设计作品。

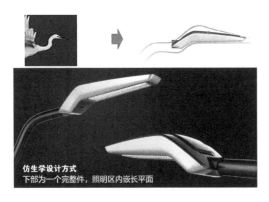

仿生学设计方式
下部为一个完整件，照明区内嵌长平面

图2-14　白鹭路灯设计　　图2-15　2007红点设计奖作品——超级自卸车
　　　　　　　　　　　　　（设计者：邓海山）

2.2.2　产品外形设计表达

每个产品都由不同的设计元素构成，如功能、色彩、肌理、结构等。而这些设计元素如何与生物外形本征相融合，行之有效的产品外形设计表达是产品仿生设计的必要基础。熊艳等[32]以产品形态特征线描述产品形态，利用认知实验方法提取用户意象感知信息，采用因子分析、回归分析等方法构建产品形态特征线和产品意象感知之间的回归关系模型，由此定义并量化产品的形态特征线参数（图2-16、图2-17）。

在产品外形设计表达领域，有些学者提出了基因、DNA的概念，通过主成分分析和形状文法，对产品族外形设计的遗传和变异规律的构成基因进行研究，从语义的层面提取基因遗传、变异的显性和隐性特征，建立基因表达与规则。产品外形设计基因通常分为通用型基因、可适应型基因和个性化基因[33]三个层次，通过符号学原理和方法研究三者的构成关系，并对其进行编码，将隐性特征外显化，构建产品外形设计基因的语构、语义、语用和语境表达约束模型。在此领域，主要有以下具有代表性的研究：Bernsen[34]从设计语义出发，研究了摩托罗拉手机外形基因的构成；罗仕鉴团队提出了产品族设计DNA的表达方法，对产品设计基因进行了一系列相关的研究，构建了基于产品族本体知识的表示模型，提出了基于情境的产品族设计风格DNA方法；朱上上等[35]提出支持产品视觉识别的产品族设计DNA研究方法，并应用于健康磁疗沙发的产品设计中；Karjalainen等[36, 37]分别以丰田[38]和沃尔沃[39]汽车的设计基因为例，研

图2-16 （a）马来虎；（b）中国中车株洲电力机车有限公司设计的马来西亚动车组

图2-17 （a）锹甲；（b）仿生设计大师路易吉·克拉尼设计的概念车

究了如何从品牌认知转化为产品造型；Bernsen[34]阐述了摩托罗拉手机设计过程中，基因的提取、表达和应用；Mc Cormack等[40]对别克汽车造型文法的研究，得到了别克品牌汽车外形基因特征；杨延璞等[41]、卢兆麟等[42]、徐江等[43]对基于形状文法的产品造型进行了相关研究。

2.2.3 生物外形本征与产品外形的融合

产品外形设计要素与生物外形仿生之间的融合是产品外形仿生设计的关键技术，建立生物外形本征与产品外形的映射模型以及生物外形本征与产品外形语义的融合模型是实现生物外形本征与产品外形融合的关键。

在生物外形本征提取和表达、产品外形设计表达研究的基础上，将获得的生物外形与产品外形的模型，运用前文阐述的整体仿生设计与局部仿生设计、具象仿生设计与抽象仿生设计、意象匹配、生成设计、生物耦合、生物类比等方法进行仿生融合，得到创新设计方案（图2-18、图2-19）。具体的融合方法有功能性融合、视觉性融合、意向性融合等。

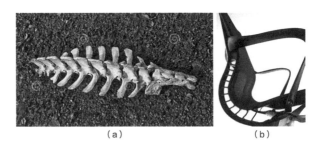

（a）   （b）

图2-18 产品结构仿生（a）脊椎骨；（b）赫曼米勒的功能椅

图2-19 "海獭"式直升机（设计师：路易吉·克拉尼）

2.2.4 产品外形仿生设计评价

众所周知的保时捷卡宴SUV，其外形一直被一部分车迷所诟病，因其容易联想到一只大青蛙（图2-20），这肯定不是设计师所愿。由此可以看出，产品外形在仿生设计的过程中，评价是不可或缺的重要步骤。产品仿生设计评价是在仿生的基础上对产品的形态、功能、原理是否符合产品特质，能否提高产品性能等进行评价。

建立产品仿生设计约束的评价指标与体系，包括产品仿生设计的相似性（外形仿生几何约束）、用户的审美感性意象以及产品仿生设计的功能性（包括人机、结构、力学等约束）等。以生物外形本征为基础，构建产品仿生设计进化机制与规则；通过深度信任网络和基于进化深度学习的特征提取算法，开展多层次优化评价（图2-21）。

在产品外形设计领域，直接针对仿生设计的评价研究比较缺乏，相关的研究可以提供一些参考，如学者们通过感性评价——获取感性知识对产品进行评价。在感性工

图2-20 保时捷卡宴

图2-21 产品仿生设计评价分类及方法

学研究早期，学者们通过因子分析、多元回归分析、数量化I类以及支持向量机等传统
方法来获取感性知识。而知识模糊、不确定性，传统的线性处理无法完全模拟人的认知
过程，导致部分信息丢失。学者们开始运用模糊集、粗糙集、类神经网络、遗传算法、
贝叶斯网络等非线性方法，并在与感性工学的结合中取得了一些进展。Tanoue等[44]
利用前向式感性工学系统对轿车内部空间进行评价，开发出一种汽车内饰舒适程度的评
价系统；Chang等[45]通过对年轻消费者群体的分析，从美感、新颖时尚、身份特征、
功能、符号标志等五个角度建立了轿车外观吸引力模型；石夫乾等[46]利用语意差分值
来衡量用户体验的程度，设置典型的产品外形特征，结合模糊D-S证据理论来获得感性
知识的评价与可靠，并通过以汽车为例的概念设计进行了验证；王黎静等[47]描述了
使用反向传播神经网络方法建立设计与用户感受间关联模型的详细流程，建立两者之间
关联模型，针对不同的驾驶舱内饰系统，实现对用户感性感受的预测；林琳等[48]借助
遗传算法的全局寻优能力对BP神经网络进行优化，构建混合遗传（Genetic Algorithm &
Back Propagetion Neural Network，GABP）算法，并将其应用于笔记本产品造型设计

评价；傅业焘等[49]提出了基于感性意象的动漫角色形象设计评价方法，以动画片《郑和下西洋》的主要角色为例构建评价因子知识库和通用的计算机辅助动漫角色形象感性意象评价系统；李永锋等[50]把可用性分为外观可用性、感知可用性和绩效可用性，提出基于模糊层次分析法的产品可用性评价方法，并以手机为例进行研究，构建可用性评价的指标体系；杜鹤民[51]提出了感性工学与模糊层次分析法（Fuzzy Analytic Hierarchy Process，FAHP）相融合的评价方法，并通过应急通信车内部布局设计方案评价的具体应用进行了验证；沈琼[52]使用Grid 评价调查和头脑风暴方法来调查用户对智能手机的认知，通过把握影响用户认知的要因来确定评价智能手机的评价用语，通过因子分析法得出用户较为关注的是智能手机的实用性因子和个性因子；孟瑞等[53]基于感性工学系统的理论架构及原理，通过感性评价调查问卷的方法获取设计师、制造商与消费者的认知与审美情趣，对问卷结果进行定量分析，寻求感性意向语汇与油罐车设计的关联关系，探讨油罐车设计评价方法（图2-22）。

在产品功能评价领域，王田苗等[54]通过Adams平台设计虚拟样机并进行仿真实验，对柔性杆变形和驱动关节受力进行了仿真分析。宋孟军等[55]建立了猎豹前后肢的机构模型，对其奔跑的运动过程进行仿真，计算并描述其趾端运动轨迹；结合骨骼肌肉的位置参数与已构建的运动学模型，对猎豹的骨肌坐标系统进行建模，对肌肉群的长度变化进行计算；进行骨肌坐标系统的运动仿真，并利用肌肉力计算模型，

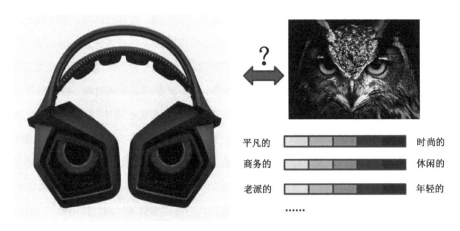

图2-22　仿生产品外形感性意象评价（左图为华硕旗下电子竞技游戏耳机——Strix Pro，右图为猫头鹰图片）

求解了猎豹前后肢各关节的力矩变化；从仿生学的角度，结合解剖学已有数据，对哺乳动物的高速运动特性进行分析，为高速奔跑结构的仿生提供了可靠的数据支持（图2-23）。Jia等[29]通过CAD建模并制造蝗虫门齿锯片，使用万能试验机（Universal Testing Machine，UTM）设备进行传统的切削力和能量的标准测量，验证了蝗虫门齿仿生锯片较传统锯片切割玉米秆所需的能量更少。刘小民等[56]采用计算流体力学方法和实验测量方法分别研究了多元耦合仿生叶片的降噪机理及其对多翼离心风机气动性能和噪声特性的影响。Klan等[57]对无锯齿翼（其几何形状来自天然谷仓猫头鹰）与双前缘锯齿翼的流场进行比较，了解前缘锯齿对机翼流场的影响。江锦波等[58]基于气体润滑理论，建立仿生集束螺旋槽的端面几何模型和数学模型，给出仿生集束螺旋槽主要结构参数的优选值范围，并证明了基于飞鸟翼翅的端面型槽仿生设计可以显著改善普通单向螺旋槽干气密封在高速条件下的运行稳定性。刘芳芳等[59]采用对刚性尾鳍摆动模型和柔性长鳍波动模型进行二维数值计算，并对仿真结果进行对比和分析，对模型进行简易流场显示试验。王骥月等[60]利用SST k-ω模型进行仿海鸥翼型叶片与标准叶片气动特性数值模拟；搭建室内风力机效率测试平台，进行仿海鸥翼型风力机与标准风力机效率对比试验。吕建刚等[61]为了追踪叶片拍击水面时自由液面的变化情况，计算时采用处理多相流的流体体积法跟踪自由液面。张建等[62]利用解析法和数值法对鸡蛋壳和鹅蛋壳进行应力和屈曲分析。王姝歆等[25]通过微小型仿生飞行机器人气动力测量实验平台进行柔性翅升力特性测试，分别对原型和仿生型机翼进行变形测量。岑海堂等[63]利用45°应变花以及CM1 A10测量系统对仿生机翼进行应力测量，通过有限元分析方法对测量得到的应变、应力结果进行分析。王立新等[64]为验证仿生制备致灾农业昆虫捕集滑板功效，测试了蝗虫在捕集滑板和仿生原型的附着力，结果分别为（402.926.1）mN和（361.925.5）mN，相近的附着力预示研制的致灾农业昆虫捕集滑板具有与仿生原型类似的性能。DEJUN等基于液固两相流理论，使用有限元法进行流经弯头的冰水混合物的CFD数值模拟，通过压降和流动阻力的传统实验，对仿生和常规弯头进行流动阻力影响的测试，发现随着冰水中冰质量分数的增加混合物，仿生肘对阻力降低的影响变得更加明显。

在仿生设计的产品外形及功能领域，国内外学者们已经做了很多的相关研究，但还不够深入和完善，需要不断地去探索。

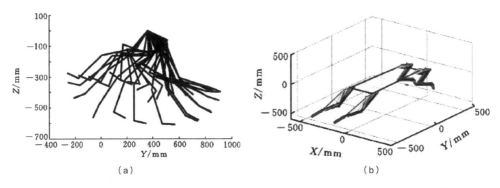

图2-23 （a）猎豹前肢运动序列；（b）骨骼坐标系统模型[55]

2.3 产品仿生设计过程

产品仿生设计作为一种创新设计过程，如何操作或实施，选择何种流程操作或实施，是顺利开展仿生的重要途径。

Neurohr等[65]提出了两种仿生过程：自上而下，从技术问题开始，通过自然系统找到解决方案；自下而上，从生物现象开始并将其转化为潜在技术解决方案。Peters[66]在其研究中提出了仿生设计过程的两种螺旋模型：从生物到设计（发现生物模型—提取设计规则—发散思考潜在应用—生物策略仿生—评价）、从问题到生物（明确功能需求—定义概念—问题的生物转换—发现生物模型—提取设计规则—生物策略仿生—评价）。Kim等[27]对自上而下和自下而上的两种仿生过程进行了讨论分析，他认为，自上而下的仿生更适用于已知生物模型（已将生物信息模型化）。基于对大量仿生过程的研究发现，产品仿生设计过程有两种实施方法，如图2-24所示。自上而下[21, 67, 68]的产品仿生设计过程可以高效地寻找有助于产品创新设计的解决方案，对生物外形本征提取与表达更有针对性，能够更好地把握创新设计发展方向；自下而上[29, 30, 33]的产品仿生设计过程对生物外形本征提取与表达全面客观，产品创新设计方向更加多元开放，产出的设计方案也更多样化。

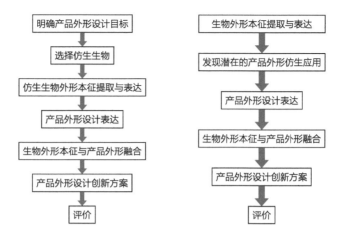

图2-24　产品外形仿生设计两个过程

2.4　产品仿生设计的关键技术

在产品仿生设计中，从生物形态的提取，到产品建模，最终满足用户体验的需求，最核心的就是对生物外形本征的提取以及对生物外形和产品外形的融合。这是产品外形仿生设计的基础，也是产品仿生设计的支撑技术。此外，为了能更准确地对产品进行设计表达，弥补在产品设计中存在的设计师与用户之间的认知差异，提高产品的设计效能，产品仿生设计评价技术、产品仿生设计技术也必不可少。

2.4.1　生物外形本征提取与表达技术

在产品仿生设计中，设计师根据自身经验对生物外形本征进行提取，利用CorelDraw、Photoshop、Illustrator等平台进行轮廓提取；利用扫描技术、Origin平台等进行自动提取。自动提取一般分为：检测边缘点和线条拟合两个步骤，在前文中已提及相关算法。结合工业设计的特点，通过解析生物外形本征的构成风格，找出生物外形本征的显性与隐性规律；采用特征工程方法，结合意象看板、类型学和特征匹配等方法，半自动提取生物外形本征的显性特征与隐性特征，包括点、线、面等；通过矢量化处理、线性滤波以及相似元素的合并处理，基于设计符号学，构建生物外形本征"风

该设计的灵感来自于大自然，从沙漠的起伏纹理中提取线条，形成波纹的效果，整体流畅过渡，又较好地将散热片融入其中。

图2-25　路灯照明灯头设计

格—特征—外形基因"三层表达体系和模型，建立生物外形本征设计符号学知识库，包括仿生物形态的自然属性、功能属性和形态语义等，来进行生物外形本征提取与表达（图2-25）。

2.4.2　生物外形本征与产品外形的融合技术

生物外形本征与产品外形的融合是产品外形设计建模的基础和关键，设计师运用形象思维的方法，通过对仿生对象进行选择、加工、整合来完成产品的仿生设计，而这种仿生设计很难有所创新。在计算机的辅助下，设计师们尝试逆向工程、遗传算法等方法让产品仿生设计数字化、智能化，结合生物外形本征"风格—特征—外形基因"三层表达模型以及产品外形"通用型基因—可适应型基因—个性化基因"三层表达模型，构建融合函数，建立起二者的融合模型（图2-26）。

2.4.3　产品仿生设计评价技术

工业设计研究中，设计评价一直是设计师们所关注的重要领域。可以运用感性工学中因子分析、多元回归分析、语义分析、眼动实验等线性方法，结合模糊集、粗糙集、

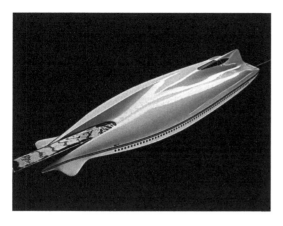

图2-26　1978 HM-1时速700公里的单轨实验机车
（设计师：路易吉·克拉尼）

图2-27　充气细胞沙发（设计师：Igor Lobanov）

图2-28　德国费斯托公司的仿生袋鼠机器人

类神经网络、遗传算法、贝叶斯网络等非线性方法来对产品进行评价。建立产品仿生设计的约束性评价指标与体系，构建产品仿生设计进化机制与规则，通过深度信任网络和基于进化深度学习的特征提取算法，开展多层次优化评价（图2-27）。

2.4.4　产品外形仿生设计技术

在工业设计中，设计师综合考虑多种影响因素和使用场景设计产品，在设计过程中，人类思维的局限性往往导致设计结果的偏差以及设计结果单一。利用生成设计的方法，在计算机辅助下，通过算法及自身逻辑生成众多方案，设计师根据用户偏好，设定基本的协议与规则，优化目标、限定条件，智能化地筛选、优化方案，可以有效提高设计方案生成的数量以及质量。

利用深度学习、仿生计算等技术，构造神经网络对空间样本特征进行分类，组合不同的设计片段，表达一个产品外形仿生设计中所有成员的数据内容和数据关系，通过基于交互式遗传算法的进化设计构建智能化的产品外形仿生设计学习与推理机制，可以实现用户评价机制与生成的产品外形仿生约束之间的双向推理（图2-28）。

参考文献

[1] 李若辉. 产品表达方式的研究——产品语义表达手法对产品仿生设计表达的应用研究 [D]. 天津: 天津理工大学, 2009.

[2] 罗仕鉴, 李文杰. 产品族设计DNA [M]. 北京: 中国建筑工业出版社, 2016.

[3] 饶金通, 董槐林, 姜青山. 基于特征的参数化高效建模技术 [J]. 厦门大学学报 (自然版), 2006, 45 (2): 191-195.

[4] 李博, 余隋怀, 初建杰, 等. 多约束下的产品形态设计计算机辅助系统研究 [J]. 中国机械工程, 2013, 24 (3): 340-345.

[5] 应济, 张万利. 基于特征的参数化建模技术的研究 [J]. 机电工程, 2003, 20 (4): 4-7.

[6] 白贺斌, 徐燕申, 曹克伟. 基于特征的CAD参数化建模技术及其应用 [J]. 机械设计, 2005, 22 (2): 14-15.

[7] 罗煜峰. 基于SolidWorks的参数化特征建模技术研究 [J]. 机械设计, 2004, 21 (3): 52-54.

[8] 叶鹏, 胡军, 李平. UG的参数化建模方法及三维零件库的创建 [J]. 机械, 2004, 31 (s1): 74-76.

[9] 廖庚华, 刘庆平, 陈坤, 等. 基于CATIA的轴流风机叶片仿生参数化建模 [J]. 吉林大学学报 (工学版), 2012, 42 (2): 403-406.

[10] 陈为. 工业设计中仿生设计的应用 [J]. 机械研究与应用, 2003, 16 (4): 9-10.

[11] 景于, 张小开, 张福昌. 色彩的仿生设计方法与实例 [J]. 艺术生活: 福州大学厦门工艺美术学院学报, 2008 (5): 36-37.

[12] 天诺. Klippa: 从山羊蹄中获得启发, 设计出适合攀岩的假肢 [EB/OL]. https: //www. leiphone.com/news/201409/ActFiDJLZ7N2DSDo.html, 2014-09-18.

[13] Taylorcun. 情感化设计机器人 [EB/OL]. https: //www.jianshu.com/p/64bd98ccae15, 2017-08-29.

[14] 张剑. 奖述生活——生活工作室获奖及参赛作品选 [M]. 福建美术出版社, 2017.

[15] 于帆, 陈嬿. 意象造型设计 [M]. 武汉: 华中科技大学出版社, 2007.

[16] 陆冀宁. 仿生设计中生物形态特征提取浅析 [J]. 装饰, 2009 (1): 136-138.

[17] 田保珍. 仿生设计方法探析 [J]. 艺术与设计: 理论版, 2009 (3X): 169-171.

[18] 张祥泉. 产品形态仿生设计中的生物形态简化研究 [D]. 长沙: 湖南大学, 2006.

[19] 鲁道夫·阿恩海姆. 视学思维 [M]. 滕守尧译. 成都: 四川人民出版社, 1998: 5-320.

[20] 邬烈炎. 解构主义设计 [M]. 南京: 江苏美术出版社, 2001.

[21] 冯海涛. 电动自行车车身造型仿生设计研究 [D]. 长春: 吉林大学, 2016.

[22] 景于. 形态与色彩的仿生设计研究 [D]. 无锡: 江南大学, 2008.

[23] 康红娜. 汽车造型仿生设计及其符号性 [D]. 长沙: 湖南大学, 2012.

[24] Junior W K, Guanabara A S. Methodology for product design based on the study of bionics [J]. Materials & design, 2005, 26 (2): 149-155.

[25] 王姝歆, 周建华, 颜景平. 微小型仿生飞行机器人柔性翅的仿生设计与实验研究 [J]. 实验流体力学, 2006, 20 (1): 75-79.

[26] 郭南初. 产品形态仿生设计关键技术研究 [D]. 武汉: 武汉理工大学, 2012.

[27] Kim S J, Lee J H. Parametric shape modification and application in a morphological

biomimetic design [J]. Advanced Engineering Informatics, 2015, 29 (1): 76-86.

[28] Kim S J, Lee J H. How biomimetic approach enlarges morphological solution space in a streamlined high-speed train design [C] //Proceedings of the 16th SIGraDi Conference, Brazil, Fortaleza, 2012: 538-542.

[29] Jia H, Li C, Zhang Z, et al. Design of bionic saw blade for corn stalk cutting [J]. Journal of Bionic Engineering, 2013, 10 (4): 497-505.

[30] 袁雪青, 陈登凯, 杨延璞, 等. 意象关联产品形态仿生设计方法 [J]. 计算机工程与应用, 2014(8): 178-182.

[31] 孙思策. 仿生形态参数化在景观设计中应用探究 [D]. 南京: 东南大学, 2017.

[32] 熊艳, 李彦, 李文强, 等. 基于形态特征线意象量化的产品形态设计方法 [J]. 四川大学学报: 工程科学版, 2011, 43 (3): 233-238.

[33] 郭聪聪. 基于章鱼形体特征的仿生设计——家用吸尘器设计 [J]. 中国包装工业, 2016 (6): 256-257.

[34] Bernsen J. Bionics in action: the design work of Franco Lodato, Motorola [M]. StoryWorks, 2004.

[35] 朱上上, 罗仕鉴, 应放天, 等. 支持产品视觉识别的产品族设计DNA [J]. 浙江大学学报: 工学版, 2010, 44 (4): 715-721.

[36] Karjalainen T M, Snelders D. Designing visual recognition for the brand [J]. Journal of Product Innovation Management, 2010, 27 (1): 6-22.

[37] Karjalainen T M. Semantic transformation in design: Communicating strategic brand identity through product design references [M]. University of Art and Design Helsinki, 2004.

[38] Karjalainen T M. It looks like a Toyota: Educational approaches to designing for visual brand recognition [J]. International Journal of design, 2007, 1 (1): 67-81.

[39] Karjalainen T M. When is a car like a drink? Metaphor as a means to distilling brand and product identity [J]. Design Management Journal(Former Series), 2001, 12 (1): 66-71.

[40] McCormack J P, Cagan J, Vogel C M. Speaking the Buick language: capturing, understanding, and exploring brand identity with shape grammars [J]. Design studies, 2004, 25 (1): 1-29.

[41] 杨延璞, 陈登凯, 余隋怀, 等. 基于形状文法的泛族群产品形态设计 [J]. 计算机集成制造系统, 2013, 19 (9): 2107-2115.

[42] 卢兆麟, 汤文成, 薛澄岐. 一种基于形状文法的产品设计DNA推理方法 [J]. 东南大学学报(自然科学版), 2010, 40 (4): 704-711.

[43] 徐江, 王海贤, 孙守迁. 基于风格进化模型的产品生成设计方法 [J]. 东南大学学报 (自然科学版), 2012, 42 (4): 654-658.

[44] Tanoue C, Ishizaka K, Nagamachi M. Kansei Engineering: A study on perception of vehicle interior image [J]. International Journal of Industrial Ergonomics, 1997, 19 (2): 115-128.

[45] Chang H C, Lai H H, Chang Y M. A measurement scale for evaluating the attractiveness of a passenger car form aimed at young consumers [J]. International Journal of Industrial Ergonomics, 2007, 37 (1): 21-30.

[46] 石夫乾, 孙守迁, 徐江. 产品感性评价系统的模糊 DS 推理建模方法与应用 [J]. 计算机辅助设计与图形学学报, 2008, 20 (3): 361-365.

［47］王黎静，曹琪琰，莫兴智，等. 民机驾驶舱内饰设计感性评价研究［J］. 机械工程学报，2014，50（22）：122-126.

［48］林琳，张志华，张睿欣. 基于遗传算法优化神经网络的产品造型设计评价［J］. 计算机工程与设计，2015，36（3）：789-792.

［49］傅业焘，罗仕鉴，周煜啸. 基于感性意象的动漫角色形象评价［J］. 浙江大学学报（工学版），2011，45（9）：1544-1552.

［50］李永锋，朱丽萍. 基于模糊层次分析法的产品可用性评价方法［J］. 机械工程学报，2012，48（14）：183-191.

［51］杜鹤民. 感性工学和模糊层次分析法产品设计造型评价［J］. 西安工业大学学报，2014，34（3）：244-249.

［52］沈琼. 中、日、韩三国智能手机的感性评价研究［J］. 机械设计，2013，30（11）：125-128.

［53］孟瑞，王小平，王伟伟，等. 基于感性工学的油罐车设计评价方法研究［J］. 现代制造工程，2011（9）：28-32.

［54］王田苗，孟偲，官胜国，等. 柔性杆连接的仿壁虎机器人结构设计［J］. 机械工程学报，2009，45（10）：1-7.

［55］宋孟军，丁承君，张明路. 奔跑仿生机构的运动学模型构建与分析［J］. 中国机械工程，2015，26（20）：2788-2792.

［56］刘小民，赵嘉，李典. 单圆弧等厚叶片前后缘多元耦合仿生设计及降噪机理研究［J］. 西安交通大学学报，2015，49（3）：1-10.

［57］Klän S，Klaas M，Schröder W. The influence of leading edge serrations on the flow field of an artificial owl wing［C］//28th AIAA Applied Aerodynamics Conference. 2010：4942.

［58］江锦波，彭旭东，白少先，李纪云. 仿生集束螺旋槽干式气体密封特性的数值分析［J］. 机械工程学报，2015，51（15）：20-26.

［59］刘芳芳，杨灿军，苏琦，等. 仿生鱼鳍运动仿真分析及试验研究［J］. 机械工程学报，2010，46（19）：24-29.

［60］王骥月，丛茜，梁宁，等. 基于海鸥翼型的小型风力机叶片仿生设计与试验［J］. 农业工程学报，2015，31（10）：72-77.

［61］吕建刚，高飞，宋彬，等. 基于蛇怪蜥蜴踩水机理的仿生推进装置数值计算方法研究［J］. 军械工程学院学报，2012，24（5）：26-30.

［62］张建，王伟波，高杰，等. 深水耐压壳仿生设计与分析［J］. 船舶力学，2015，19（11）：1360-1367.

［63］岑海堂，陈五一. 小型翼结构仿生设计与试验分析［J］. 机械工程学报，2009，45（3）：286-290.

［64］王立新，黄风山，周强. 致灾农业昆虫捕集滑板表面结构仿生构建与性能验证［J］. 农业工程学报，2015，31（20）：34-40.

［65］Neurohr R，Dragomirescu C. Bionics in Engineering—Defining new Goals in Engineering Education at "Politehnica" University of Bucharest［C］//International Conference on Engineering Education-ICEE. 2007.

［66］Peters T. Nature as measure：The biomimicry guild［J］. Architectural Design，2011，81（6）：44-47.

［67］高蕾. 基于情感体验的产品仿生设计［D］. 天津：天津科技大学，2014.

［68］杨昊. 大型公共建筑之生态仿生设计研究［D］. 郑州：河南大学，2016.

第 3 章

本体层：产品设计

仿生设计作为人类社会生产活动与自然界的契合点，使人类社会与自然达到了高度统一，逐渐成为设计发展过程中新的亮点。仿生设计的本体层是产品设计（或者称产品建模），设计的对象包括产品外形、结构、材料、色彩、材质等。仿生设计的输入是生物仿生，即生物界的形态、材质、结构等如何融入产品建模中。仿生设计的目标是满足人的用户体验，带来高情感。

本体层关注的是产品的本来特征、产品的设计流程以及产品给用户带来的第一感受。通过研究生物特征提取、仿生思维草图表达和产品仿生设计建模，从产品仿生设计本体层进行仿生设计思考与实践（图3-1）。

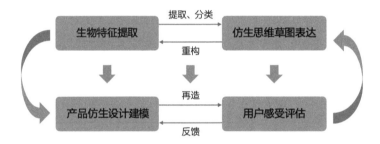

图3-1　本体层的研究内容

3.1 生物特征提取

　　在设计过程中，设计师往往会从自然界生物的特征中获得灵感，并经过抽象和再造产生新的产品。这些产品来自我们所熟悉的自然事物，因此产品具备让人们熟悉亲切的感觉，备受人们的喜爱。

　　历史上的许多装饰物都源于大自然的植物或者动物的形态，如古典柱式科林斯柱的柱头特征便是毛茛叶的装饰，而牛头饰则是取材于公牛的头骨。1905年，贝尔拉格（H.P. Berlage）设计了一个水母形态的枝形吊灯；郝克托·吉马德（Hector Guimard）在他为巴黎地铁站做的设计中模拟了花朵和昆虫的形态（图3-2）。

　　仿生设计根据仿生提取内容的不同，分为多种形式：形态仿生、结构仿生、色彩仿生、肌理仿生、功能仿生等。而这些仿生提取又可以依据其涉及的提取层次的不同分为具象层次的提取、抽象层次的提取、概念层次的提取。形态、结构、色彩、肌理的提取多分布于具象层次及抽象层次；功能、意象的提取多分布于概念层次（图3-3）。

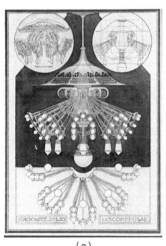

（a）　　　　　　　　　（b）

图3-2 （a）贝尔拉格设计的水母形态的枝形吊灯；
（b）吉马德设计的巴黎地铁入口

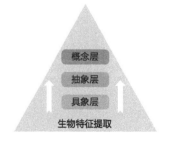

图3-3 生物特征的提取层次

3.1.1 生物特征的具象提取

具象形态指的是产品形态视觉映入后用户所感觉到的存在形态。

具象形态产品模拟生物最直观的特征进行设计，因此具象形态仿生设计具有识别度高的特点，以其自然的情趣带给人们天然的亲近感，在玩具、工艺品、日用品中应用较为广泛。具象仿生的内容主要包含形态、结构、色彩、肌理等（图3-4）。

形态作为一种较为基础的特征被广泛应用于仿生设计中。小到市面上经常可以见到的造型灵巧的日用产品，大到曲线优美的高端奢侈消费品，在整体造型和细节敲定中都可以见到形态仿生的应用。许多具有趣味性的仿生形态来自于自然界，将他们运用到产品设计中，可以带给人们可爱、温暖、自然的感觉。日本设计师佐藤大设计的猪鼻存钱罐，应用了猪鼻孔的具象特征和颜色，给人以温暖、有趣的感觉（图3-5）。蜂群吊灯则具象地运用了蜜蜂的头部、身体及脚的形态，仿佛几只正在采蜜的蜜蜂，使设计生动活泼（图3-6）。

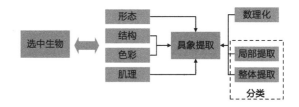

图3-4 生物特征的具象提取过程

图3-5 猪鼻存钱罐（设计师：佐藤大）

生物结构是具象仿生中常用到的方法，常见于机械设计和简单的工业产品结构设计。自然中最简单的结构有时蕴涵着巧夺天工的解决原理，比如人类借助鸟类的身体结构进行了飞机设计，再利用了蜻蜓翅痣，消除飞机快速飞行时的颤振。简单的外形结构应用到产品设计中，则如图3-7所示的模仿郁金香设计的婴儿车，以花苞的开合启发婴儿车的折叠收纳。

当代美国视觉艺术心理学家布鲁莫（Carolyn Bloomer）说："色彩唤起各种情绪，表达感情，甚至影响我们正常的生理感受。"色彩设计在产品设计中扮演着引导用户获得产品信息含义的角色。良好的色彩能提高人们使用产品时的安全和效率，同时又能减轻人们的心理负担，从而起到提升产品品质的作用。成功的产品色彩仿生设计可以提高人们对仿生设计的认同感[1]。最常见的色彩仿生设计如斑马线设计，再如影片《变形金刚》中大黄蜂的色彩设计（图3-8）。

图3-6　蜂群吊灯（Jangir Maddadi）

图3-7　仿生郁金香的婴儿车

图3-8　《变形金刚》大黄蜂的色彩仿生设计

肌理方面的产品仿生，借鉴、模拟自然物表面的纹理质感和组织结构特殊属性，用其表面纹理提升产品的功效，同时激发审美、情感体验。生物学家发现鲨鱼皮肤表面粗糙的V形皱褶可以大大减少水流的摩擦力，使身体周围的水流更高效地流过。著名的鲨鱼皮泳衣就是模仿了鲨鱼的皮肤肌理，减少了3%的水阻力，世界名将菲尔普斯、苏利文、霍夫等都穿着这款鲨鱼皮泳衣破了多个世界纪录（图3-9）。

具象形态仿生设计的提取方法可以分为数理化提取方法和整体、局部分类具象提取方法。

1. 数理提取方法

实际上，自然界中的动植物常常蕴涵着最美的数学原理与表达。笛卡尔通过研究花瓣和叶形的数理关系，得出了叶形线方程；瑞典科学家科赫发现了分形学曲线，因为形似雪花，被称作科赫雪花；自然界中的松果、凤梨、向日葵花瓣数、蜂巢、蜻蜓翅膀，则都遵循斐波那契数列。

斐波那契数列，又称兔子数列，或者黄金分割数列。指的是这样一个数列：0、1、1、2、3、5、8、13、21……从第三项起，它的每一项都等于前两项的和。根据斐波那契数列，可以画出斐波那契螺旋线，也称为黄金螺旋线[2]（图3-10）。

古往今来，艺术家们在艺术创作中有意或无意地运用了这些数学原理，使艺术作品兼具科学与美感。常常有后人对伟大的艺术作品进行分析后发现其遵循了数学原理，如蒙娜丽莎、帕特农神庙等（图3-11）。

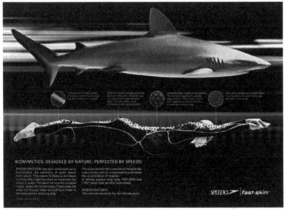

图3-9　Speedo鲨鱼皮泳衣

　　　　　　　　　　　　　　　　　　　　　　　　产品仿生设计

对生物形态进行数理提取，得到相应特征线、坐标和转角，可以进行计算机生成设计。朱赫[3]分别对生物和产品进行了数理提取和描述，通过计算生物和产品形态的方向相似度、转角相似度、位置相似度、拓扑相似度，运用猴王遗传算法不断迭代，生成生物与产品耦合的仿生产品（图3-12）。

在仿生设计的数理提取中，可以用到形状文法。形状文法是在20世纪70年代Stiny、Gips和Mitchell 等沿用语言学中衍生文法的概念提出，即透过形状的文法关系与规则来描述设计的空间组织或造型组成。此后，许多学者利用形状文法进行了产品风格与造型设计。如图3-13是Stiny[4]对于形状文法的一个简单说明。

2. 分类提取法：局部提取与整体提取

具象形态仿生设计中，对于生物外形的应用，有整体外形线应用，也有选取局部有代表性的特征进行提取。在整体外形应用中，为了达到"像"的效果，生物外形的比例关系需要较为精确地把握。

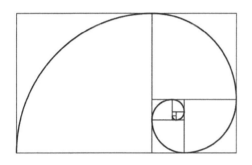

图3-10　斐波那契螺旋线

图3-11　帕特农神庙与黄金分割

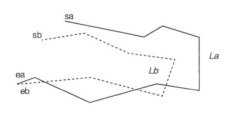

图3-12　转角对比

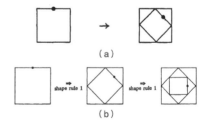

图3-13 （a）一个简单的形状文法shape rule1；
（b）运用shape rule1生成的形状

依据视知觉原则，认识和理解生物形态的原则是先整体后局部。处理整体构成时会最大限度地把整体分解成几个最简化的局部。人们倾向于把看到的对象理解成一个简单的或有规则的图形[5]。可见整体特征处于主导地位，局部特征则处于次要地位。然而有些生物的局部形态特征是其整体外形中最特别的一部分，如猪鼻、象鼻、鹿角、猫爪等，此时只要选取这个最典型的特征进行仿生设计，用户就能从这个突出的特征看出是仿生了哪个生物。如星巴克的猫爪杯，猫爪代表了猫最可爱特别的一面，吸引了无数人，一经销售就排起长队（图3-14）。再如宝马鹰眼车灯，将鹰眼的狭长犀利用于车灯设计中（图3-15）。

3.1.2 生物特征的抽象提取

具象提取是对生物特征最质朴的反映和模仿，抽象提取则是更注重生物的本质属性和其所反映的意象。抽象提取是从生物原型出发，剔除不反映生物主要特征的细节，进行抽象和简化，从整体上反映生物的特征，用简单的线条和形态反映生物的独特形态，应用到产品设计中，有经验的设计师往往具备此项技能。

图3-14　星巴克猫爪杯

图3-15　宝马鹰眼车灯

　　　　　　　　　　　　　　　　　　　　　　产品仿生设计

抽象仿生形态的主要特征是：一是形态高度的概括简化，二是形态可以引发人的想象与记忆唤醒。

抽象提取可以用最简单的特征唤醒消费者的记忆，同时消费者经过个人主观情绪及联想的加工，会产生不同的认识和理解，通过联想、类比、关联等得到审美感官上的满足。因其对生物特征元素的提取和借鉴具有模糊、差异和多义的特性，所导致的是具有余地的美学。

抽象形态仿生设计的提取方法有特征精简提取方法和静态、动态分类抽象提取方法（图3-16）。

比如MUJI设计师深泽直人的果汁盒设计。这些果汁盒的外层直观模仿了香蕉、草莓和猕猴桃的色泽和质地并抽象应用于产品的外观，给人们带来新奇的感官体验（图3-17）。

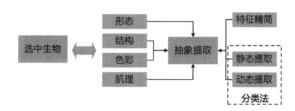

图3-16 生物特征的抽象提取过程

图3-17 深泽直人的果汁盒设计

1. 特征精简提取方法

在仿生提取的特征简化中，形态是首先需要被讨论的。由于生物的种类和生长环境的不同，在自然界物竞天择的演化中，不同生物形态之间产生了较大的差异。然而生物形态依然有据可循，不同种类、不同生存环境下的生物形态也存在一些共同的特征。

依据视知觉原理，产品的几个形态特征能够直观地让人们认识该产品。Biederman[6]提出只要保留3~4个部件元素就有不错的辨识正确率。因此，简化生物形态时需对生物形态的主要结构特征进行简化，提升识别效果。在产品形态仿生设计中，为了使生物形态简化，更为了准确有效，设计师需分清主从特征，保留生物能有效表现产品的功能和内涵的主导形态结构特征，简化次要形态结构特征，同时需要把握特征相似性、匹配性等原则（图3-18）。

图形简化设计常使用整体形状萃取和部件特征萃取两种模式，在实际设计中，两者经常混合使用[7]。

许峻诚等[8]基于过去的相关研究，提出可量化操弄的两种图形简化手法，分别是整体节点减少法与部件元素减少法。前者保留图形重要转折节点，将不重要的转折节点数量减少达到简化效果；后者则是保留重要部件，去除不重要的部件元素进行简化。设置了简化方法与简化程度两个变量，最后发现，整体节点减少法比部件元素减少法的简化效果更为明显（图3-19）。

		部件元素量		
		高 (12)	中 (6)	低 (3)
整体节点量	高	A (392)	D (146)	G (105)
	中	B (141)	E (58)	H (40)
	低	C (40)	F (19)	I (11)

图3-18 整体形状和部件特征提取 　　　　图3-19 整体节点简化与部件元素简化

　　　　　　　　　　　　　　　　　　　　产品仿生设计

2．静态提取及动态提取方法

物体的形态可比作一幅力学图，生物生命物质运动及本体的形态都能用力学的语言进行诠释，不变或平衡可以用静力学中力的相互作用或力的平衡来解释[9]。因此在抽象提取时，我们可以用力学的概念来区分静态和动态。

静态抽象仿生设计主要抽取生物外形和颜色元素进行产品设计，设计师会使用单一或者多种元素进行形态抽象提取。以小熊仿生三轮车为例，提取小熊静态特征，并运用到三轮车的外形设计中（图3-20）。

基于原有仿生设计理论，有学者提出动态仿生设计[10]，即模拟生物的动作变化而设计产品的动态变化。动态仿生设计包括外形结构变化式仿生设计和传神意向式仿生设计[11]。外形结构变化式仿生设计是指模拟生物的形态和动作进行产品外观和结构设计，比如订书机是模拟鲨鱼嘴巴和牙齿的咬合动作进行的设计（图3-21）。

传神意向式的动态仿生设计是指生物静止的形态让人联想到该生物运动状态的情景，比如有些摩托车的外观设计会依据豹子的奔跑形态进行设计，从而让用户认为该产品很有运动感。

在特征提取方面，根据提取内容的不同可分为生物本体动态特征提取、自然情景动态特征提取和认知特性动态特征提取。

图3-20　小熊仿生三轮车设计

图3-21　从鲨鱼嘴动态仿生图到订书机设计

3.1.3 生物特征的概念提取

生物特征的概念提取包含了生物意象及功能的提取（图3-22）。

意象仿生侧重于生物神态特征以及其象征意义的提取，用高度概括的手法将生物的意象特征提取出来，用于产品仿生设计中[12]。意象仿生不同于其他完全通过视觉、触觉等直接感知的仿生，而需要根据人们的既往经验进行联想，从而产生一定的生理、心理效应，达到对意象仿生产品的情感共鸣。通过意象仿生设计出来的产品，往往具有特定的文化特征和情感表达。

功能仿生是指通过研究生物体和自然界物质存在的功能原理，改进现有的或创造新的技术系统。

有"自然界的翻译者"之称的著名产品设计师路易吉·克拉尼，根据其对于自然世界的独到见解，运用曲线模拟自然界生命意象，将它用到汽车设计中（图3-23）。工业设计中常常用到感性意象的方式，将消费者对于产品的感性描述词汇提取，进行专家聚类，形成互为反义词的感性词汇对，再让消费者对于产品的感性词汇对进行打分。应用感性意象的方法，可以针对不同的消费者人群进行产品设计和推荐。在仿生设计中，也可以用到感性意象的方法，让消费者对生物的感性意象和产品的感性意象进行评价，最终找到相匹配的生物和产品，进行仿生设计。意象仿生设计的产品和其自然原型具有天然的一致性，能给用户带来最贴切的感受。

功能仿生设计则是机械设计、工程设计等方面最常用到的方法。发明家、工程师、设计师等不断进行生物学研究并将其和现有的工艺技术进行融合、改良与创新。生物类

图3-22 生物特征的概念提取过程

图3-23 房车仿生设计
（设计师：路易吉·克拉尼）

　　　　　　　　　　　　　　　　　　　　　　　　　产品仿生设计

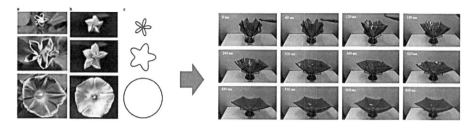

图3-24　牵牛花绽放过程与可展开反射镜的部署过程

比的仿生设计方法能从自然界中获得原理知识，将生物的生理变化及功能特征应用于工程及产品中，形成创新性的产品设计或概念设计[13]。例如，人们利用荷叶叶面疏水性的原理发明了不粘锅；Feng等[14]从牵牛花花苞到开放的过程中学习到如何设计卫星反射镜上褶皱的几何模型（图3-24）。

3.1.4　仿生提取的过程

然而，产品仿生设计也给设计师带来了一定的挑战。设计师们如果不能根据产品自身的功能定位和使用场景加以思考地去提炼外形，就会出现千篇一律的现象。常见的仿生提取方法有定点法、联想法、组合法、超常法和模仿法。

仿生设计的过程可分为"自上而下"的仿生设计模式和"自下而上"的仿生设计模式[15]两种。设计过程包括确定设计目标、选择仿生生物、建立生物信息模型、抽象生物元素、产品概念设计、概念评价等部分。

图3-25是一款儿童自行车仿生提取过程示意图。在确定要进行儿童自行车设计目标后，将仿生外形设计作为增强产品外形表现力的一种方法，选择了螃蟹作为产品仿生生物。在设计过程中，提取螃蟹的四肢外形和肌理要素，分别融合进自行车的前车篮、工具箱、辅轮和链条板，进行产品概念设计。

图3-26为一个仿生穿山甲的背包设计，它是2010年Steel Pencil Design Award 的获奖作品，这款背包的设计受到大自然的启发，灵感来自于拥有大型角质鳞片的哺乳动物穿山甲，采用"半机械半野兽"的仿生设计理念[16]。

以穿山甲背包为例，如果对它的仿生设计过程进行推测，我们可以看到，首先它的设计目的是人们背在身上起到宣传保护野生动物、反对滥捕的作用；其次要求符合背包

螃蟹　　　　仿生提取

设计方案

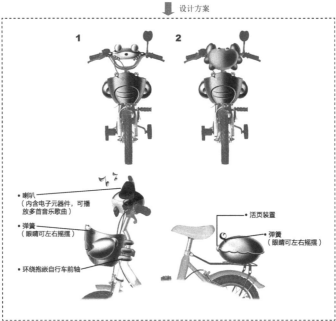

- 喇叭
（内含电子元器件，可播放多首音乐歌曲）
- 弹簧
（眼睛可左右摇摆）
- 环绕抱嵌自行车前轴

- 活页装置
- 弹簧
（眼睛可左右摇摆）

图3-25　仿生儿童自行车设计

图3-26　Cyclus Pangolin的Born系列双肩包

产品仿生设计

的功能且耐用、醒目。

接着则是基于目标警示类背包的功能需求进行思维发散，咨询生物专家并进行桌面调研，归纳总结与其相关联的生物结构，最终挑选合适的仿生生物为穿山甲。

然后对穿山甲的生活环境和形体特征进行分析和总结，针对生物各部分形体、结构、肌理、意象等进行提取与表达，建立好穿山甲生物信息模型。

再抽象提取穿山甲生物元素，使之与警示背包的外形、主要结构和关键功能匹配。在一个仿生设计的构思过程中，生物外形的提取涉及元素应用、抽象概念、商业化应用等多个阶段，是关键节点。设计师通常从动物外形获取灵感，提取其中部分或整体的特征曲线，作为设计元素（图3-27、图3-28）。

视觉上穿山甲背包是一种日常包，具有像穿山甲一样重叠的鳞片。这个耐用的背包

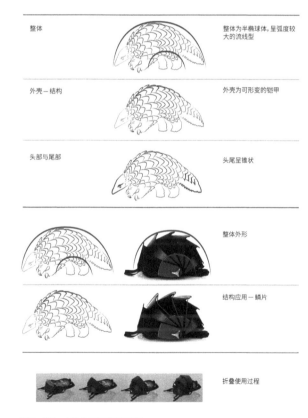

图3-27　穿山甲结构特征线　　　　图3-28　穿山甲元素提取

还有一个特色是，它由回收的卡车管、回收的轮胎内胎的橡胶做成，赋予其粗糙和工业感，它比布包更耐用，更好地保护内容物，同时也提供环保可持续的选择。它使用磁铁代替拉链，包的外壳是可伸缩的关闭层，有磁性的材料使他们可以节节相套。包的内部有大型的拉链口袋和多个小型的功能口袋，包的肩带是有衬垫的可调节肩带。

之后开展产品概念设计，对穿山甲生物结构特征提取后，确定需要运用到的结构特征，推导出穿山甲背包的最终造型，进行产品三维建模。该背包的独特之处在于其半球形的外壳形状，它引发了保护和安全的感觉。这个醒目的背包甚至打开了"犰狳式"百叶窗，确保了外观的独特性。这款背包非常适合特立独行的摩托车手，背包除了可以容纳个人物品，还可以容纳半圆形的物品，例如头盔。衍生产品里，Cyclus还添加了另一种穿山甲灵感的产品，包括一个名为Pangolina的小型晚装包。

最后进行概念评价，背包容易受到挤压、摔落、撞击，为了避免背包在使用过程中发生形变带来不安全的因素，需要对其结构进行受力测试。效果较差的外形需进行优化改进，重复设计周期，再次评估。

3.2　仿生设计创新思维草图表达

3.2.1　设计思维

设计思维是设计领域一个重要的研究方向，*Design Studies*、*International Journal of Technology and Design Education*等期刊有许多设计思维研究相关的文章。总的来说，设计思维研究设计师在设计过程中的思维过程和产出，可以分为以过程为导向的研究和以结果为导向的研究。以结果为导向的研究通过对设计师产出的方案数量、质量、创新度等指标进行打分作出判断；以过程为导向的研究主要用到草图研究法、发生思考法、行为分析法、眼动追踪法、情绪识别法、功能性磁共振分析等方法进行研究。设计思维研究变量可分为设计师变量、设计素材变量、设计环境变量、设计方法变量等。设计师变量可以包括对不同设计水平设计师的比较、对不同学科背景设计师的比较、对不同人数和团队的比较、众包设计等。以设计素材为变量的研究可以包括文字、图片与视频的比较，完整图片与部分图片的比较等。以设计环境为变量的研究可以包括墙上贴满草图和空白墙面的比较，为设计师提供视觉、听觉、味觉、嗅觉、触觉五感刺激的环境与不提供相对比。以设计方法为变量的研究包括在设计过程中加入提供素材、加入计算机辅助方法、加入设计工具等。

在仿生设计中，若能研究设计过程中设计师的设计思维，不同水平的设计师会有什么不同的思维过程，不同的素材会对其思路产生什么影响，设计师的设计思维在何时会固化等，就可以研发出适合的设计工具辅助设计，提升仿生设计的效率。

郭南初[5]总结了设计过程中产生创新思维的几种常见方法，如表3-1所示。

设计思维方法及定义   表3-1

设计思维方法	定义
思维导图法	一种创新思维图解表达方法。运用图文并茂的技巧，把各级主题的关系用相互隶属与相关的层级图表现出来，把主题关键词与图像、颜色等建立记忆链接
形态组合法	把产品的各种形态要素或者是结构要素进行分解组合，形成新形态的设计方法
形态类比法	将几种不同的对象放在一起进行比较分析，找出其中的共同点，然后将其中较为优秀合理的形态因素借鉴到另外的对象中去，通过模仿、抽象等设计工作，得到新的创新性形态的方法
头脑风暴法	由奥斯本提出的一种创新设计方法，现在已被广泛应用于设计领域
列举法	通过列举与项目有关的项目和内容，促使人们全面思考问题，从而形成新的设计方案
TRIZ 创新法	主要用于解决发明创造问题的理论

3.2.2　仿生设计的草图设计思维过程

设计草图是研究设计思维最常见的方式，是体现设计思维的一种表现方式，能够清楚地反映设计师的创造意图。草图绘制的方式被广泛用于设计的创意产生阶段，国内外许多学者都对草图设计思维进行了研究。Sun等考察了不同草图状态呈现的刺激效果，特别是在设计固化阶段呈现的刺激效果[17]，通过分析众包设计的优缺点，提出了一种将群体草图过程集成在一起的协同众包设计方法；同时，进行了一项草图绘制眼动记录实验，分析创意设计知觉，为创造性片段理论提供依据（图3-29）[18, 19]。此外，草图绘制也有对供给材料、环境情景、思维过程、方案评估等影响因素的研究。

设计草图的相关研究推进了设计思维的探索，图形化的草图信息是设计师隐性知识的外显化，对于产品仿生设计的元素提取和概念设计提供了理论支持和实践指导。图3-30是仿甲壳虫的四轮电动车的概念设计阶段，设计师通过产品初步草图到产品方案细节推敲，基于设计草图快速表达了自己的设计思路。

图3-31是以小熊为对象的三轮车设计，在草图中通过提取简化小熊的特征进行三轮车仿生设计实践。

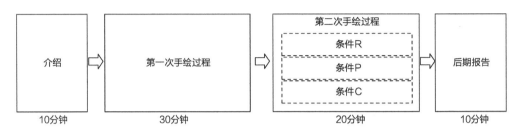

图3-29　草图实验过程

图3-30　产品草图设计思维过程

　　　　　　　　　　　　　　　　　　　　　　　　　　　　产品仿生设计

图3-31　小熊三轮车草图设计

3.3　产品仿生设计建模

目前，产品建模已经发展的较为成熟，可分为特征建模、几何化建模、参数化建模等。建模的比例关系、协调程度在产品建模中非常重要。

几何建模包括了线框建模、表面建模和实体建模。

参数化建模是几何建模的一个发展方向，它可以提高模型生成和修改的速度，在产品的系列设计、相似设计以及专用CAD系统开发等方面都有较大的应用价值[20]。目前参数化建模方法主要有变量几何法和基于结构生成历程的方法。变量几何法主要用于平面模型的建立，基于结构生成历程的方法更适合于生成三维实体或曲面模型（图3-32）。

图3-32　产品的几何化建模

3.3.1　参数化设计建模与方法

20世纪80年代末，随着几何建模、自由曲面和实体建模的主要技术的广泛应用，人们越来越意识到建模技术应该朝着高交互性和易修改性的方向发展。

目前，有以下两种建模方法[21]，一是变体编程或通过编程过程静态生成可供选择的模型；二是图形生成或交互方法，允许修改尺寸和建立约束，建立模型。第一种建模方法需要用户对简单的编程技术有一定的了解，这是一种能够适应当前CAD程序的工作模式，但是主要缺点是不能以交互的方式改变模型的某些特性；第二种建模方法虽然具有图形化的建模特点，但是不同的建模软件之间无法有效地兼容。

在设计领域中，参数化建模渐渐体现出其重要性。参数化设计的本质是基于约束的产品描述方法，用一组参数约束几何图形的一组结构尺寸，参数与尺寸之间对应，可通过编辑尺寸值驱动几何图形（图3-33）。参数化建模的基础是编程，常用的参数化平台Grasshopper节点可视化编程以及纯粹语言编程Python、C#、VB都是建立参数化模型的基础[22]。

国内有许多学者进行了参数化建模相关的研究。应济等[23]提出了通过尺寸参数模型构造特征参数模型的方法；饶金通等[24]结合基于特征的参数化建模技术对倒角建模技术进行了探索；李博等[25]进行了多约束下的产品形态设计计算机辅助系统研究；白贺斌等[26]、罗煜峰[27]、叶鹏等[28]分别利用 Pro/ E、SolidWorks、UGNX平台的二次开发功能，介绍了参数化建模的优化方法；廖庚华等[29]采用CATIA对8个仿生风机和

1个原型风机进行实体建模；武剑洁等[30]介绍了一种基于特征的服装人体模型参数化建模方法；张洪伟等[31]基于ANSYS参数化设计语言APDL建立了农用车车架的参数化有限元模型；董洪伟[32]从历史发展和当前的研究现状的角度对三维人脸建模和动画算法进行了综述。以上研究推动了当时国内学者对参数化建模的探索（图3-34）。

3.3.2 参数化仿生设计建模过程解析

深受人们喜爱的国家体育场"鸟巢"，用钢桁架模仿鸟巢的树枝，外观形态结构简洁，造型新颖独特。以鸟巢的建模为例，探讨参数化仿生设计建模的具体过程。整个过程可分为决定建模思路、表面轮廓生成、结构线投影生成、表面结构线生成、表面钢结构实体生成等几个部分。

在开始建模前，需要确定一个清晰的鸟巢仿生建模思路，并以Rhino+ Grasshopper实现。初步决定在建立鸟巢表面轮廓时选用曲线放样的方法；在获取鸟巢表面钢结构曲线形态时选用Divide Curve、Shift List、Extrude、面相交的方法；在获得表面钢结构方

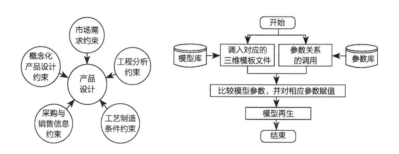

图3-33 产品设计约束模型及参数化设计过程

图3-34 叶片仿生参数化建模示意图

管的截面，生成表面钢结构形体时，选用将曲面法向量、曲线切向量进行叉积的方法。

首先，使用通过曲线放样得到鸟巢表面轮廓（图3-35）。

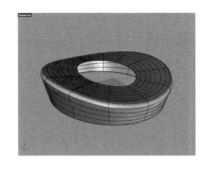

图3-35　鸟巢表面轮廓（鸟巢参数化建模：沈诚仪）

其次，生成结构线在平面上的投影。将鸟巢表面轮廓的两条边缘线提取并投影到XY平面上。这里使用了 Project和Brep Edges，再利用Curve List分别提取两条边缘线。将提取的两条曲线都分成24段，这里使用了Divide Curve，并得到分割点。将其中一条曲线上的分割点进行错位，这里用了Flip Curve、Shift List，用Line将两条曲线上的分割点一一对应连接，得到所需结构线的投影。再利用上述思路，得到生成对应反方向的所需结构线的投影（图3-36）。

然后，生成鸟巢表面结构线。因为鸟巢的底面面积小于鸟巢在XY平面上的投影面

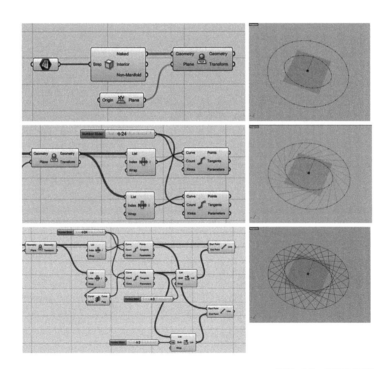

图3-36　建模过程1

　　　　　　　　　　　　　　　　　　　　　　　　　　　产品仿生设计

积，所以需要将得到的结构线的投影在平面上做一个延伸（Scale）。将延伸后的曲线在Z方向上挤出，得到对应的垂直面（Extrude）。将垂直面与鸟巢的表面轮廓进行相交，得到对应的鸟巢表面结构线（Brep|Brep）（图3-37）。

最后，生成表面钢结构实体。在表面结构线上生成对应截面的方框。首先对每条结构线进行均分（Evaluate Curve）得到均分点及这些点在曲线上的切分方向。其次，找出这些均分点在表面上的最近点（Surface Closest Point ，也即这些点本身），从而找出这些点在外表面上的UV坐标。再得到相交曲线等分点在鸟巢外表面投影上的曲面法向量（Evaluate Surface），再将曲面法向量与曲线方向向量叉积得到新的向量。叉积得到的向量与曲面法向量组成新的平面（Construct Plane），这样的平面会与结构线的走势相吻合。最后生成方框（Rectangle）。生成表面钢结构实体（Sweep）（图3-38）。

到这一步，建模完成（图3-39）。

对于产品建模方法的探索简化了建模过程，提高了建模效率。这有利于企业缩短产品设计周期，促进业界发展。

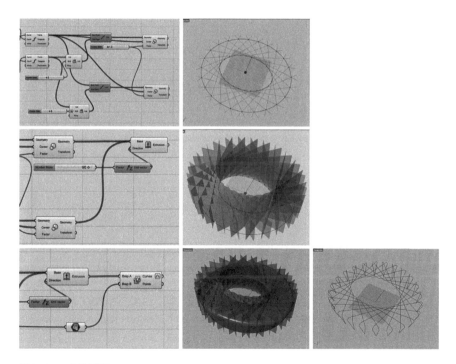

图3-37　建模过程2

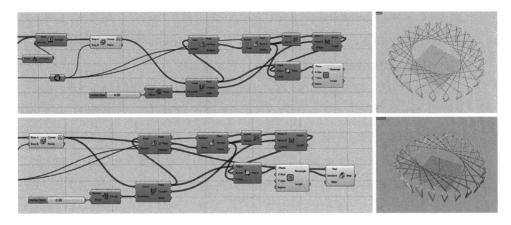

图3-38 建模过程3

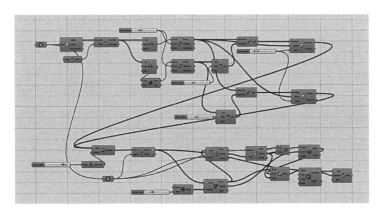

图3-39 建模逻辑总览

参考文献

［1］ 孙宁娜，董佳丽. 仿生设计［M］. 长沙：湖南大学出版社，2009.

［2］ 【奇妙的数学世界】大自然中的斐波那契数列［EB/OL］.（2018-10-08）http://www.sohu.com/a/223257157_777249.

［3］ 朱赫. 基于认知耦合的产品意象形态仿生进化设计方法［D］. 兰州：兰州理工大学，2018.

［4］ Stiny G. Introduction to shape and shape grammars［J］. Environment and planning B：planning and design，1980，7（3）：343-351.

［5］ 郭南初. 产品形态仿生设计关键技术研究［D］. 武汉：武汉理工大学，2012.

［6］ Biederman I. Recognition-by-components：A theory of human image understanding［J］.

产品仿生设计

Psychological Review，1987，94（2）：115-47.

[7] Hsu Y Y，Wang S S. A new compensation method for geometry errors of five-axis machine tools [J]. International Journal of Machine Tools and Manufacture，2007，47（2）：352-360.

[8] 许峻诚，王韦尧. 图形外形特征数量与简化程度之认知研究 [J]. 设计学报，2010，15（3）：87-105.

[9] 达西·汤普森著，袁丽琴. 生长和形态 [M]. 上海：上海科学技术出版社，2003.

[10] 徐伯初，陆冀宁. 仿生设计概论 [M]. 成都：西南交通大学出版社，2016.

[11] Peters T. Nature as Measure：The Biomimicry Guild [J]. Architectural Design，2011，81（6）：44-47.

[12] 祝莹，曹建中，韦艳丽. 汽车造型设计中的形态仿生研究 [J]. 合肥工业大学学报（自然科学版），2010，33（10）：1458-1461.

[13] Vandevenne D，Pieters，T，Duflou，J.R. Enhancing novelty with knowledge-based support for Biologically-Inspired Design [J]. Design Studies，2016，46（9）：152-173.

[14] Feng C M，Liu T S，A bionic approach to mathematical modeling the fold geometry of deployable reflector antennas on satellites [J]. Acta Astronautica，2014，103（10-11）：36-44.

[15] Kim S J，Lee J H. Parametric shape modification and application in a morphological biomimetic design [J]. Advanced Engineering Informatics，2015，29（1）：76-86.

[16] List of Biomimetic Products [EB/OL]. http://biomimicrynyc.com/biomimicry/products/.

[17] Sun L，Xiang W，Yang C，et al. The Role of Sketching States in the Stimulation of Idea Generation：An Eye Movement Study [J]. Creativity Research Journal，2014，26（3）：305-313.

[18] Sun L，Xiang W，Chen S，et al. Collaborative sketching in crowdsourcing design：a new method for idea generation [J]. International Journal of Technology and Design Education，2015，25（3）：409-427.

[19] Sun L，Xiang W，Chai C，et al. Designers' perception during sketching：An examination of Creative Segment theory using eye movements [J]. Design Studies，2014，35（6）：593-613.

[20] 李玲，左来. 产品在 CAD 中的参数化建模方法 [J]. 林业机械与木工设备，2003，31（5）：15-16.

[21] Monedero J. Parametric design：a review and some experiences [J]. Automation in Construction，2000，9（4）：369-377.

[22] 包瑞清. 参数化逻辑构建过程 [M]. 南京：江苏凤凰科学技术出版社，2015.

[23] 应济，张万利. 基于特征的参数化建模技术的研究 [J]. 机电工程，2003，20（4）：4-7.

[24] 饶金通，董槐林，姜青山. 基于特征的参数化高效建模技术 [J]. 厦门大学学报（自然科学版），2006，45（2）：191-195.

[25] 李博，余隋怀，初建杰，等. 多约束下的产品形态设计计算机辅助系统研究 [J]. 中国机械工程，2013，24（3）：340-345.

[26] 白贺斌，徐燕申，曹克伟. 基于特征的 CAD 参数化建模技术及其应用 [J]. 机械设计，2005，22（2）：14-15.

[27] 罗煜峰. 基于 SolidWorks 的参数化特征建模技术研究 [J]. 机械设计, 2004, 21（3）: 52-54.

[28] 叶鹏, 胡军, 李平. UG 的参数化建模方法及三维零件库的创建 [J]. 机械, 2004（z1）: 74-76.

[29] 廖庚华, 刘庆平, 陈坤, 等. 基于 CATIA 的轴流风机叶片仿生参数化建模 [J]. 吉林大学学报（工学版）, 2012, 42（2）: 403-406.

[30] 武剑洁, 王启付. 基于特征的服装人体模型参数化建模方法 [J]. 华中理工大学学报, 2000, 28（1）: 29-32.

[31] 张洪伟, 张以都, 王锡平, 等. 基于 ANSYS 参数化建模的农用车车架优化设计 [J]. 农业机械学报, 2007, 38（3）: 35-38.

[32] 董洪伟. 三维人脸捕获建模和动画技术综述 [J]. 计算机工程与设计, 2012, 33（7）: 2721-2725.

第 4 章

行为层：生物仿生

行为层与产品的使用体验相关，体验包含了许多方面，如功能、性能及可用性。产品的功能定义了它可以做什么，如果功能不完善或者不够有吸引力，产品就几乎没有价值。产品性能体现在如何执行所定义的功能，如果性能不足，产品则会失败。产品的可用性体现在用户是否能清晰理解产品如何工作，以及在用户清晰理解产品工作方式后，是否能够达到预期效用。当人们在使用产品的过程中感到困惑或沮丧时，就会产生负面情绪。如果产品满足了用户的需求，并在使用中为用户带来乐趣，则能产生温馨正面的情感，很容易地实现产品预期目的[1]。

4.1 行为层的含义

人类的大脑活动可以分为三个层次：本能层、行为层和反思层。本能层，是指先天的部分；行为层，是指控制身体日常行为的运作部分；反思层，是指大脑的思考部分。

在产品设计中，行为层侧重于功能和实现，包含四个要素：功能性、易理解性、易用性和感受[1]（图4-1）。然而，很多行为层设计都只考虑了功能，很少考虑其他三个方面，特别是感受。优秀的设计师会更加关注于产品的感受，比如iPhone的Home按键相对于其他手机的按键更具有触觉感受，因此有着更好的用户体验。良好的行为层设计应该是以人为本，专注于了解和满足真正使用产品的人。

仿生设计的行为层要素是指通过仿生设计表达，体现产品的效用和使用的愉悦性。

行为层偏重于生物形态如何融入产品形态的过程，关注产品的功能、性能以及可用性层面的感受，以及用户在使用过程中的人机性、趣味性、操作效率和人性化程度等[2]。

仿生行为层设计中，优先考虑的是功能。通过功能仿生设计使我们能够更清晰地认识世界并合理地改造世界，轻松实现许多原来无法实现的目标。为了更好地让用户理解产品的功能，产品外形通常通过仿生元素表达该产品的一些功能特点。

除了产品的功能，产品的结构、形态、肌理、色彩等也可以从同一模仿对象或不同对象中抽取出来，通过仿生设计激发用户与自身以往的生活经验或行为相关的某种联想，向使用者传递正确的产品信息，表达产品的情感意义，提升产品的可用性[3]。

为了提高产品的易用性和可理解性，产品外观美学、意象表达和可认知性设计变得非常关键，通过被仿生物的视觉形态及意象特征与产品外形的有机融合，一方面能够提高产品的使用效能，另一方面能够增强产品的视觉吸引力和使用愉悦性。

仿生设计的行为层可以分为功能性融合仿生、视觉性融合仿生和意象性融合仿生（图4-2）三个要素。功能性融合满足产品的功能和性能，视觉性融合和意象性融合提升产

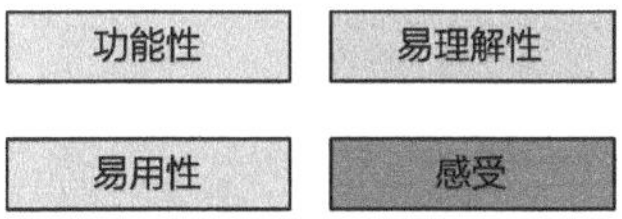

图4-1 行为层四要素

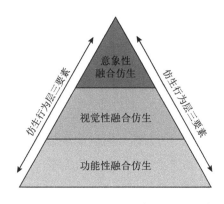

图4-2 仿生行为层三要素

品的趣味性、可用性和人机性等。此外，通过仿生融合的程序与方法，能够更好地辅助产品仿生设计实践，赋予产品更高的效能和内涵意蕴。

4.2 功能性融合

4.2.1 功能仿生的含义

设计的第一要素是功能，它是设计追求的第一目标。按照功能的重要性，功能可以分为基本功能和辅助功能；按照功能的性质，可分为物质功能和精神功能，或者是使用功能和品味功能[4]。

功能仿生设计是通过研究自然界生物体的功能原理，并利用这种原理去改进现有或建立新的技术系统，以促进产品的升级或新产品的开发，使得人们在使用产品的过程中，获得最人性化、自然化、便利化的舒适体验[5]。

虽然仿生学研究时间不长，但是产品的功能仿生实践却历史悠久。春秋时期的鲁班依靠齿草的形态特征，设计发明了锯齿，成为中国最早的仿生设计师之一。西方国家的达·芬奇于1500年仿效鸟翼的仿生飞行，制作了一系列的飞行草稿和模型。仿生设计不是简单地直接仿制自然界的生物形态，而是向自然界学习，特别是巧妙地利用自然生物在器用上、技道上的优势，最终创造性能和内涵丰富的仿生设计产品，更好地为人类服务（图4-3、图4-4）。

产品仿生设计

4.2.2 功能融合方法

从功能融合的角度来看，仿生设计则是根据一定的设计需要，寻找具有相关功能的仿生对象，利用现有的技术和设备对形态、色彩和结构等建立功能模型，进行功能模拟，体现功能融合和实现的过程（图4-5）。

从古代的木牛流马运输粮草到利用荷叶表面不沾水的原理制造的推土机、不粘锅，再到利用蝙蝠声波辨物的原理创造了雷达等，生物功能融合进产品设计的例子无处不在。戴振东等[6]利用蝗虫、壁虎等动物脚掌产生各自锁合摩擦力的功能特性，对陆上运动车辆驱动部件（如轮胎）的设计进行了讨论；Jia等[7]研究蝗虫锯齿状的门牙并制造出仿生锯片用于切割玉米秸秆；吕建刚等[8]从蛇怪蜥蜴高速踏水机理出发，设计了一种

图4-3　齿形草和锯子

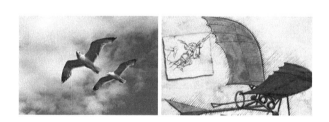

图4-4　鸟翼和达·芬奇飞行器草稿

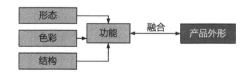

图4-5　功能性融合示意图

新型轮—叶复合式水上推进装置；江锦波等[9]借鉴飞鸟尾翼、翼翅外形结构提出一种仿生集束螺旋槽端面干气密封结构以解决普通单项螺旋槽干气密封在高速条件下存在的漏气、稳定性欠佳等问题；王振龙等[10]研究了乌贼游动的原理，并运用于水下机器人设计上；Feng等[11]根据花骨朵开花的原理设计了运输卫星可展开反射镜的褶皱几何模型。

功能融合仿生的目的性很强，旨在将生物体的某种功能的实现原理、结构和材料移植到相关领域。常见的功能仿生目的有模仿生物感觉器官或运动器官的工作原理、减小空气阻力、提高承重能力、减小某部件的负荷、降低噪声、减小振动、控制温度变化等。生物有多种门类，不管是动物、植物还是微生物，设计师均能从这些生物体中提取适合相应产品所需要的功能。

根据仿生对象特征的不同，产品仿生设计可以分为功能仿生、形态仿生、色彩仿生和结构仿生等，不同类别的仿生设计既有区别又有联系，特别是功能仿生，与其他类别的仿生密切相关。无论哪种仿生都有其自身的目标，都会在仿生对象中找到相类似的特殊功能，以达到相同或相似的目的。形态仿生，虽然是将生物的形态进行模拟再造，但是必须将特定生物形态以功能属性融合进产品特征中，才能提高产品的性能。产品仿生设计中的功能融合可以分为三类，分别是形态的功能融合、色彩的功能融合和结构的功能融合。

1. 形态仿生功能融合

功能仿生和形态仿生是相互交叉和相互影响的，产品通过形态仿生能够实现功能仿生的目标。流线型外形能够降低空气阻力，因此常用于对速度要求高的产品，例如高铁和飞机。这些产品通过流线型形态，达到了空气动力学要求，满足高速行驶的功能目的。人类灵巧的双手可以帮助我们实现不同的动作，智能操作机器人手臂（犹他大学University of Utah研究团队设计）则模仿人手形态，实现灵活精准抓取物品的功能（图4-6）。

图4-6　流线型的高铁、飞机、机器人手臂

浙江大学工业设计系IF材料趋势设计奖作品Transformable Mat是一款仿荷叶形态的杯垫。荷叶形态的杯垫模拟含羞草的功能原理，当置于杯垫上方的水杯温度高于60℃，荷叶杯垫会发生变形并包裹住杯子，有效地防止用户手部烫伤，当杯子内的水温下降到30℃以下，包裹的杯垫会展开并恢复平整状态（图4-7）。

2. 色彩仿生功能融合

产品的色彩仿生是人们在自然色彩客观认知的基础上，将自然界丰富的色彩形式按照一定的艺术手法应用到产品外形创新设计中的重要设计方法[12]。色彩仿生一方面能够实现某些特殊功能，例如迷彩服的伪装功能，绿色包装的产品暗示的环保功能；另一方面，能够传递情感体验，比如红色的跑车表达了热情、奔放和动感的特点，暖色调的室内装修体现了温馨的情感体验（图4-8）。

侯晓鹏等[13]以蜜蜂为设计原型，将蜜蜂的黑色、黄色条纹作为产品包装的基本设计要素，能够使产品更具灵动性，更能得到消费者的青睐。此外，色彩仿生除了作用在消费者情感方面外，色彩的化学性质和物理性质也在不断开拓人造色彩的可能性，例如，通过对白金龟鳞片微结构的仿生，生产出了更加亮白的产品[14]（图4-9）。

图4-7　Transformable Mat的仿生设计

（a）　　　　　　　　　　　　（b）

图4-8　（a）红色法拉利（Ferrari）跑车；（b）暖色调室内装修

3. 结构仿生功能融合

将生物的功能融合进产品设计的过程中有很大部分是通过结构的仿生来实现的。

产品的结构仿生是指人们研究生物整体或局部的结构构造和组织形式，总结规律和特征，并将其应用于产品设计的过程。加利福尼亚大学伯克利分校研究人员受蟑螂启发，研制了一种柔性机器人，可抗压、降低身形、钻入缝隙，可用于救灾探测；Zhao等[15]采用睡莲叶子和仙人掌的脉络结构，设计了Lin MC6000龙门加工中心横梁，在保证工作的情况下减轻了重量；Liang等[16]通过对塘鹅俯冲入水时的身体和翼折叠结构的研究，设计了俯冲式潜水装置；刘小民等[17]参照鸮类翅膀前缘结构设计了一种新型降噪结构仿鸮翼前缘蜗舌并运用于多翼离心风机上；岑海堂等[18]借鉴叶脉的结构特征，将其原理应用于小型翼的结构设计，生成了一款全新的仿生型机翼结构；王立新等[19]采用红瓶猪笼草的叶笼滑移区为仿生对象，设计了昆虫捕集滑板表面结构的仿生制备，并以蝗虫为例进行了验证（图4-10a）；张建等[20]分别以鸡蛋壳和鹅蛋壳为仿生对象，设计了深水仿生耐压壳，并进行了对比分析（图4-10b）。通过结构仿生，能够较好地将生物结构的优点融合进产品功能中，提升产品的功能和效用。

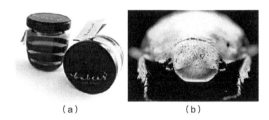

图4-9 （a）蜜蜂包装设计；（b）白金龟鳞片的亮白色彩

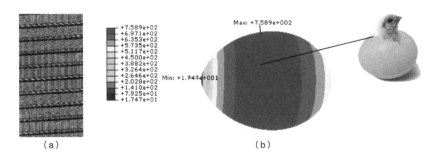

图4-10 （a）捕集滑板整体结构图；（b）仿生耐压鸡蛋壳的强度分析

4.3 视觉性融合

4.3.1 形态仿生的含义

产品形态仿生是产品仿生设计中最为常见的仿生形式。纷繁多样的自然形态为设计师提供了丰富的灵感来源，并从语意、语用、语构和语境等多个方面与所设计的产品相互契合。在设计过程中，设计师将某种仿生对象的整体或局部经过加工和整理，将其应用于产品外观上，让人产生某种相关联想。

通过将生物形态和产品外观进行融合，一方面能够追求产品形态的突破与创新，另一方面能够带给人们乐趣，满足人们返璞归真、回归自然的情感需求。雅各布森将天鹅的形态和椅子外形进行融合，设计了形态优美的天鹅椅，天鹅椅给人一种温馨的感觉，非常符合家居产品的设计定位。汉斯·瓦格纳将孔雀开屏时尾巴上的翎羽和椅背进行了视觉形态的融合，设计了一款造型优美生动的孔雀椅（图4-11）。

4.3.2 视觉融合方法

形态仿生是生物和产品视觉融合的一种方法，将自然生物对象的形态特征的局部或整体的优质特点应用到产品外形上，让人们根据视觉习惯产生自然的联想，从而获得近似自然外形的美感、趣味感和舒适感。形态仿生产品设计往往需要根据不同的产品概念和设计目的，有所侧重地对生物外部的"形"或"态"进行模拟和融合，以追求产品形态的突破和创新。

（a）　　　　　　　　　　（b）

图4-11 （a）雅各布森的天鹅椅；（b）汉斯·瓦格纳的孔雀椅

在视觉融合过程中，仿生形态和产品
设计的融合，虽然存在着较多的主观性和
不确定性，但创造性在融合过程中也会因
为设计师的创意思维表现而较好地表现出
来。不同的融合方式，体现着产品仿生形
态特征的多样性和丰富性。

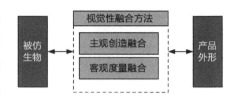

图4-12　视觉融合方法示意图

视觉融合方法可以分为主观创造融合和客观度量融合（图4-12）。

1. 主观创造融合

主观创造融合更多地是依赖于产品设计师的经验，以及对生物和产品的理解，通过
设计技法将产品形态进行仿生表达。在人类对客观对象形态的理解和认知基础上，从具
体的视、听、触、味、嗅等刺激产生的感觉出发，将生物的形态通过发散思维、聚合思
维、联想思维、灵感思维等思维方法的处理，转化到设计产品的造型创意中。

从仿生的尺度来看，视觉融合尺度可以分为整体融合和局部融合。整体融合是以仿
生生物的整体形态作为模仿对象，并全部应用于产品外形的仿生设计中，突出产品的完
整性，给人们带来直观的自然感受。例如，保罗·汉宁森的洋蓟灯，整体造型源自于洋
蓟的外形特点，通过遮光片的重叠组合完美地再现了洋蓟形态中外皮层层包裹的样式，
整体性强，非常具有美感。深泽直人设计的加湿器，整体造型来源于甜甜圈，将甜甜圈
的曲线完美地融入进产品形态，晶莹剔透的糖果颜色，没有任何张扬的特点和个性化的
设计，却能从观感上勾起人的食欲（图4-13）。

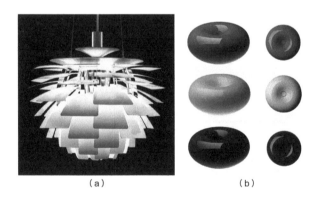

（a）　　　　　　　　　　（b）

图4-13　（a）汉宁森的洋蓟灯；（b）深泽直人的甜甜圈加湿器

　　　　　　　　　　　　　　　　　　　　　　　　　　　　　　　　产品仿生设计

以甲壳虫为儿童四轮电动车外形仿生对象，通过可爱和圆润的曲面外形，夸张而有趣的细节设计，丰富了电动童车的童趣感和生动性（图4-14）。

在产品设计中，也可以模仿生物的局部形态，进行局部融合。将趴趴熊和小兔子形态融合进四轮自行车的车篮和工具箱的设计上，体现了儿童自行车的外形趣味性。奔驰CLA汽车设计中将尾灯部分融合进蝴蝶形态，增强尾灯的视觉吸引力和识别性（图4-15）。

鹿角衣帽钩或是鹿角开瓶器，都是局部模仿了麋鹿身体的一部分——鹿角，通过惟妙惟肖的形态表达，用仿生设计增强了产品的趣味性，提升生活的情趣（图4-16）。

图4-14　甲壳虫儿童四轮电动车设计

图4-15　（a）四轮自行车设计；（b）奔驰CLA尾灯

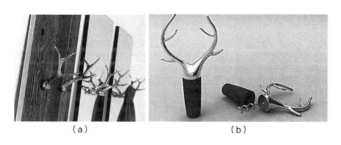

图4-16　（a）鹿角衣帽钩；（b）Insik Chung设计的开瓶器

从仿生的程度来看，视觉融合程度可以分为具象融合和抽象融合。具象融合是指设计师直接生动地表现产品形态的生物原型的形态特征，在设计过程中，选择生物的全部或局部进行直接模拟，以形似为目标，通常采用借用、移植或替代等创造性思维方法进行仿生[21]。具象仿生设计具有很好的亲和力和自然性，易于被人们所接受，常用于玩具、工艺品、日用小件等产品设计。"ajori"调味瓶，外形酷似一颗大蒜，由黏土和木材这两种天然材料制作，整体造型形象生动。阿莱西的海狸卷笔刀，具象地模仿了海狸的形态，将海狸的神态特点逼真地表现在卷笔刀的外形上，为卷笔刀产品添加了趣味内涵（图4-17）。

抽象融合是一种超越感觉、直觉的思维层次，发挥知觉的整体性、选择性、判断性，以神似为目标的设计活动[5]，以抽象化、几何化和简洁化处理后的简单形式来表现生物形态、功能特征，应用到产品设计之中。抽象设计具有很好的通用性，可以使人们产生丰富的联想，产生情感共鸣。菲利普·斯塔克（Philippe Starck）的外星人榨汁机采用抽象融合的方式将外星人的形态进行抽象化，并融合进榨汁机的外形设计中。日本设计师柳宗理（Sori Yanagi）将抽象化的蝴蝶形态和椅子外形进行融合，呈现出别具一格的设计之美（图4-18）。

2. 客观度量融合

仿生设计较多是由设计师凭借着自身的创意和经验，将设计意图反映到设计当中，仿生想法和产品设计之间的融合充满了一定的模糊性和不适性。因此，客观度量方法开始被用于仿生设计过程，以便让仿生设计更具有科学性和有效性。

人类从外界得到的信息量约80%来源于视觉，用户视觉感知是解码产品符号信息的主要途径，针对用户视知觉的研究能够更好地指导设计工作。眼动追踪技术是实现视知

(a)   (b)

图4-17 （a）"ajori"调味瓶；（b）阿莱西海狸卷笔刀

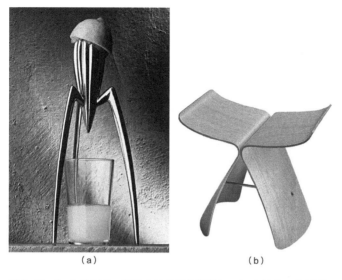

（a） （b）

图4-18 （a）菲利普·斯塔克的外星人榨汁机；（b）柳宗理蝴蝶凳

觉感知信息数值化的重要方法。通过眼动追踪技术能够客观研究人类的视觉认知规律，分析人类的视觉兴趣点，获取感性认知结果。因此，基于眼动追踪技术的客观度量法，能够更加有效地获取生物关键特征，将生物的有效视觉信息和产品设计进行融合。

　　眼动追踪是指测量眼球运动的过程。通过眼动追踪监视器，可以记录每只眼睛的运动轨迹和在可视点上的活跃区域，进而将消费者对不同界面的使用参数（包括注视时间、注视频率、视觉轨迹、细节比较等）进行记录和测量，最后通过数据量化分析来发现人们对测评样本的视觉认知规律[22]。

　　眼动追踪技术在产品设计实践中应用广泛。史浩天等[23]将眼动原理应用到机电产品的外观和内饰设计中，通过眼动追踪及后期的实验数据整理，对装载机的外观和内饰设计进行了评价和定量分析，得出了装载机部件的关注度分布及外观和内饰设计的改进等相关结论；Khalighy等[24]通过研究表明眼动追踪技术能够帮助量化产品设计的美学特征；Köhler等[25]通过眼动追踪技术评估产品设计方案，能够更好地挖掘消费者隐性产品需求。

　　眼动追踪在仿生设计过程中的应用主要分为两种类型，基于生物的眼动追踪和基于产品的眼动追踪。基于生物的眼动追踪研究是通过眼动追踪技术，获得用户在生物图像上的视觉轨迹和可视点的活跃区域，探究用户对生物外形本征的关注点和兴趣点，以此提取关键外形的设计因素，进行仿生设计。基于产品的眼动追踪是通过眼动追踪技术，获得用户对产品造型要素的关注热点及认知排序，进而将生物本征元素融入产品造型关键部位，有针对性地呈现生物本征特点（图4-19）。

　　基于生物的眼动追踪方面，戚彬等[22]利用螳螂作为仿生对象，通过眼动跟踪实验获得眼动路径、注视频率、注视时间和注视点数量等数据，以定量实验方法分析得出螳螂原型的典型形态特征排序。最后，提取排序高的螳螂形态特征作为平地机外形设计主要仿生创意形态来源，以提升产品外形的视觉表现力（图4-20）。

　　欧细凡等[26]对上海市花白玉兰进行眼动追踪，得到用户对白玉兰花的视觉兴趣点，将所提取的白玉兰形态关键特征和小型道路清扫车外形进行融合，进行小型道路清扫车的形态仿生设计实践（图4-21）。

图4-19　两类眼动追踪技术路线图

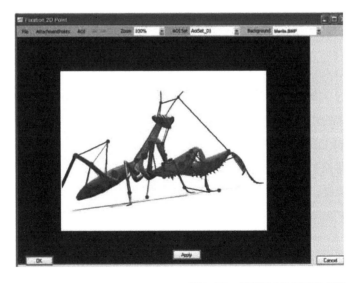

图4-20　螳螂样本的眼动热点图

　　　　　　　　　　　　　　　　　　　　　　　　　　　　　　产品仿生设计

张阿维等[27]采用眼动试验获得壁虎造型特征认知排序，将生物特征与医疗传感器造型要素进行强认知特征耦合和匹配，形成初步造型仿生设计方案（图4-22）。

基于产品的眼动追踪方面，高小针等[28]对高压电机进行了眼动追踪实验，获取高压电机造型要素认知排序，然后结合大象意象特征，将其与高压电机造型个性部位进行外形融合，有针对性地呈现生物意象信息（图4-23）。

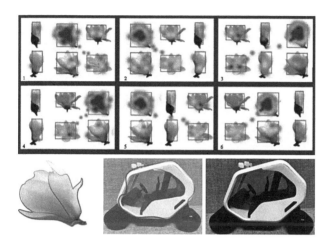

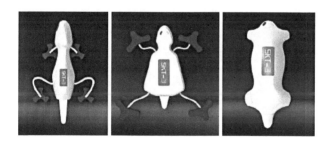

图4-21　白玉兰花眼动热点图和视觉仿生融合设计过程

图4-22　医疗传感器造型仿生方案

图4-23　高压电机的眼动热点图

张云帆[29]对瓯窑执壶样本进行了眼动追踪度量，判定北宋瓯窑执壶的设计基因，进而设计了一款瓜棱形壶身的瓯窑执壶（图4-24）。

基于眼动追踪技术的仿生设计过程，主要是通过眼动追踪，客观提取生物设计关键元素或产品认知设计要素，融合生物元素和产品形态，进行视觉性融合。通过一系列产品实践案例表明，眼动客观度量能够作为产品外形仿生设计的有效手段。

图4-24　瓜棱形壶身的瓯窑执壶设计方案

4.4　意象性融合

4.4.1　意象仿生的含义

产品意象是由产品的主观概念、功能和形态等众多因素综合作用所形成的心理意象。

意象仿生是设计师利用感性思考，从认知心理学、符号学、语意学出发，在对生物意象正确认知的基础上，通过产品形态来反映人类对于仿生对象或仿生对象的组合形象的特定心理情感、审美体验或象征语意的设计。意象仿生设计手法一般采用象征、比喻、借用等方法，对产品形态、色彩和材质进行综合运用来完成[30]。

意象仿生广泛地应用于各类产品的仿生设计研究和实践中，能够强化产品的功能或属性特征，突出产品审美或情感特点以及凸显产品文化属性。阿莱西OTT牙线盒子，通过卡通人物嘴里拿出的牙线暗示了牙线的功能和使用方式。花瓣茶具，将花瓣意象融合进茶具系列产品设计，能够体现出产品的自然意境和文化底蕴。设计师朱小杰的"钱椅"，取象于铜钱的外圆内方，匠心独运（图4-25）。

马宏宇[31]分析了游艇及生物风格意象，选择符合游艇风格意象的生物进行形态简化后进行仿生设计；于学斌[32]结合符号学知识，分析生物及产品符号语意，通过产品仿生设计目标功能语意关联法进行仿生。

（a）   （b）   （c）

图4-25 （a）阿莱西OTT牙线盒子；（b）花瓣茶具；（c）钱椅

4.4.2 意象融合方法

产品仿生设计深受符号学和语意学思想的影响，将符号化意识、语言意义表达融入产品设计中，通过符号将信息传达给消费者，使消费者产生相应的语意认知，引发消费者的共鸣，激发情感，引起人们的行为反应。基于符号学和语意学的意象融合，让设计和产品能够"说话"，拉近产品和消费者的距离（图4-26）。

1. 基于符号学的意象融合

符号学（Semiotics或Semiology）自19世纪以语言学为源头出现，是一门研究由符号实现传达或者意指作用的综合性学科，主要研究符号的意义、发展、规律以及符号与人类活动之间的关系等，并将其运用到越来越多的领域，如心理学、信息科学及社会学等。

在符号学的系统化定义中，张宪荣教授指出符号必须满足以下条件[33]：

（1）能指和所指的双面体。符号必须具有表现层面，通过一定的"符号表现"达到让接受者可感知的目的，也称为"符号形式"，即能指；同时，符号需要被赋予一定的意义和内容，它是抽象的、不可感知的，成为"符号内容"，即所指。

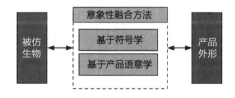

图4-26 意象融合方法示意图

（2）人为创造物。成为符号，必须是人类在进行传达或意指活动的过程中所创造出来的产物。例如，语言就是为了实现传达而被创造出来，因此语言才成为符号的一种。

（3）必须构成独立于客观世界的系统。独立于客观世界的符号系统，在主观思想和情感表达，以及客观信息的传达中，可以在没有任何客观世界的任何客体情况下完全实现。张宪荣教授在书中指出："只有各种形同符号的东西相互依存成为系统的一个组成部分时，它们才真正成为符号。只有能够成为一个完整的系统，才能构成一个完全独立于客观世界的虚拟世界，一个符号的世界。"（图4-27）

设计符号学，顾名思义，就是将符号学原理引入设计中，通过赋予形态要素以功能、意义、理念等，使产品在满足其功能的基础上体现出更多的文化内涵及设计价值，进而通过使用者的认知来理解设计师所要传达的情感和意义。产品仿生设计需要符号的应用，其可以丰富产品仿生设计的表达，增强产品的视觉表现力。

仿生设计符号所带来的意象联想表现在指代功能、情感联想、指令与表意和美学启发四个方面。指代功能是指生物外形和产品之间的指代关系，例如雅各布森的"蚁"椅，通过蚂蚁指代产品的外形特点，增加了产品的趣味性。情感联想是指生物外形和消费者之间的情感联系，例如埃罗·沙里宁的"胎"椅（Worm Chair），通过高度抽象概括的线条来表达母胎的形态特点，建立母胎和消费者的情感联系，能够让消费者坐在椅子上时感受到如母胎中般的全身心放松（图4-28）。

符号的指令与表意是指生物外形和消费者之间的信息传递的效能。符号有效的指令和表意能够让消费者从产品外形中得到正确的认知和理解。例如著名的甲壳虫汽车和玛莎拉蒂汽车，虽然都应用了流线型设计，但人们却可以从其形态中明确感受到其仿生对

图4-27　一些符号举例

象的不同，前者选择仿生的对象是甲壳虫，后者则是鲨鱼，通过生物形态分别表达出产品的可爱和高速的特点（图4-29）。

符号的美学启发指的是通过不同仿生对象符号的设计应用，让人们获得不同的美的体验。例如芬兰设计师阿尔托设计的湖泊花瓶，整体造型流畅，曲线元素来源于湖泊的边缘线，动感有张力，配以透明材质，体现出山水的灵性之美。Patrick Jouin设计的花形台灯，光线的明暗变化模仿花朵的开合美学，体现出产品和自然的相互交融之美（图4-30）。

(a)　　　　　　　　　　(b)

图4-28 （a）"蚁"椅；
（b）"胎"椅

(a)　　　　　　　　　　(b)

图4-29 （a）甲壳虫汽车；
（b）玛莎拉蒂汽车

 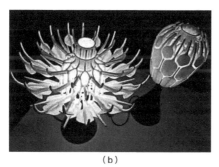

(a)　　　　　　　　　　(b)

图4-30 （a）湖泊花瓶；
（b）花形台灯

用符号学理论建立生物外形与产品意象之间的关系，能够赋予产品深层次的内涵，例如产品使用者的生活方式、价值观念及其文化价值观念。

2. 基于语意学的意象融合

语意学以符号学的认知观来认识世界[34]，产品作为沟通的媒介，同样可以表达丰富的语言意义。在产品仿生设计中，产品仿生形态包含产品的功能特征、视觉美感等产品语意信息。设计师通过模仿、变形、抽象等手法，提炼仿生对象的形态结构，将仿生对象的形态语意信息融入产品形态设计，进而刺激使用者，激发其与以往的生活经验或行为相关的某种联想，表达产品的实际功能和情感意义。

根据产品语意学理论，一般来说，产品具有双重意义，即外延性语意和内涵性语意。产品外延性语意是指其形态语言表达产品自身的物理属性，产品内涵性语意是指产品需要投射人类情感和诉诸心灵的东西。在产品仿生设计中，仿生形态既要传达产品的功能语意，表现出产品的外延性语意，又要赋予产品特定的视觉美感或情感语意，反映产品的内涵性语意[3]（表4-1）。

语意的分类　　　　　　　　　　　　　　　　表4-1

分类	内容	表现方式
外延性语意	功能识别、操作方式	间隔、材质对比、组群
内涵性语意	感觉、身份地位、个性、历史文化、社会意义	色彩、材质、造型与细节

（1）仿生设计的外延性语意

产品仿生设计的外延性语意主要是指利用产品形态的语意信息来判定产品是什么，有什么功能以及怎么使用。仿生产品的外延性语意是基于产品实际功能与特性，有助于人们更好地了解产品及其物质世界，提高产品的可用性、亲和力和可靠性。飞机具备了飞行类生物的双翼形态特征，体现了飞行的功能，即功能性语意；公交车上的把手，融合了手指的负形，用以表达抓握的形态语意概念，即示意性语意（图4-31）。

（2）仿生设计的内涵性语意

产品仿生设计的内涵性语意是指产品形态中不能被直接表现出的"潜在"关系，显示产品在被使用过程中的用户心理特征。仿生产品的内涵性语意有助于人们了解产品的时代与地域特性，理解产品的社会文化背景和情感因素，以及产品所体现出的价值观和文化观。

在产品仿生设计过程中，设计师通常通过联想或象征的方法，将产品比作某物，以特定的生物形态来表达产品和生物相同的性能特征，让消费者能够感知到产品的自然气息。例如，加湿器仿生设计过程中，仿生物往往是与水相关的对象，例如水滴，表达着加湿器源源不断地进行水分的补充，为消费者营造一种身处于水润环境的心理感受。冰山形态的加湿器也通过联想的手法，体现加湿器的加湿功能（图4-32）。

产品仿生设计的内涵性语意中除了通过联想和象征手段来体现产品的特点之外，生物的情感和趣味性语意也在不断地融入产品形态设计。产品通过形态、色彩、材料等方面的设计，引发人的情感体验和心理感受。例如在翻盖手机流行的年代里，深泽直人将手机的外形设计成削完土豆皮之后的形态，表达土豆放进水里之后干净的感觉，由于很多人都有这样的记忆，因此这种心态设计能够较好地引起人的共鸣。阿莱西的牙签盒，用可爱的兔子形态来表达产品的外观，提高消费者对产品的好感度，兔子形态的牙签盒也具有很强的趣味性（图4-33）。

(a)

(a)

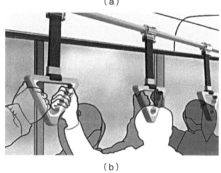

(b)

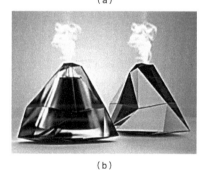

(b)

图4-31 （a）飞机的功能性语意；（b）把手的示意性语意（"和丰奖"工业设计比赛作品）

图4-32 （a）水滴外形的加湿器；（b）冰山外形的加湿器

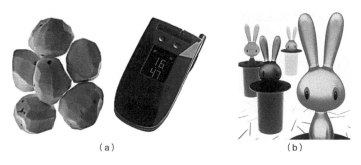

图4-33 （a）深泽直人的"削豆"形手机；（b）阿莱西的牙签盒

产品仿生设计中的产品语意特征研究与应用，实际是对仿生对象的研究。设计师通过正确的语意信息赋予产品更直接、形象和具体的形态过程，这不仅能传达给使用者正确的功能信息，还能营造出返璞归真、回归自然的理念和生活方式，消费者能够更好地体会到设计师赋予产品的文化意蕴和深层情感。

4.5 仿生融合的程序

将生物的功能、形态或意象和产品设计进行融合，都遵循着一定的仿生融合程序进行。仿生融合的程序通常有两种：一种是自上而下的仿生设计，一种是自下而上的仿生设计。

4.5.1 自上而下的仿生融合

自上而下的设计过程，适合于已经确定的课题项目，例如企业要进行新产品的开发，已经确认了产品的功能和用途，为拉近用户对产品的距离，在进行造型、色彩和材质等方面的设计工作时，会利用仿生设计赋予产品外形一些造型或情感元素。选择被仿生物时，选择能体现产品的功能语义等要素的生物，进行简化，提取出可用因素，完成产品的外形和色彩等因素的设计。

总的来说，自上而下的仿生融合是源自于消费者的需求或产品外形设计的目标，进而确定产品的概念。然后选择符合设计目标的仿生生物，从造型形态、材料质感、颜色

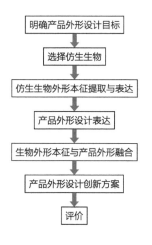

明确产品外形设计目标

↓

选择仿生生物

↓

仿生生物外形本征提取与表达

↓

产品外形设计表达

↓

生物外形本征与产品外形融合

↓

产品外形设计创新方案

↓

评价

图4-34 自上而下的仿生融合程序

搭配等几个要素分别提取和表达仿生生物，并与产品外形进行融合，进而确定产品外形设计创新方案（图4-34）。

许熠莹[35]从电钻造型的男性化和力量感的造型设计目标出发，进行自上而下的仿生融合。在进行各品牌的电钻造型分析后，将设计目标风格定位为速度、尖锐和力量，选择仿生生物"鹰"，对鹰进行外形本征的提炼，将提炼出来的线条进行简化、演变和形态化，最后将提炼出的若干个形态与产品外形进行融合，最后提出电钻外形设计方案。通过自上而下的仿生融合，一方面使得自然界能够为设计师提供源源不断的造型元素，一方面也能够让消费者在使用产品的过程中感受到产品所映射得到自然物本身的灵气和力量（图4-35）。

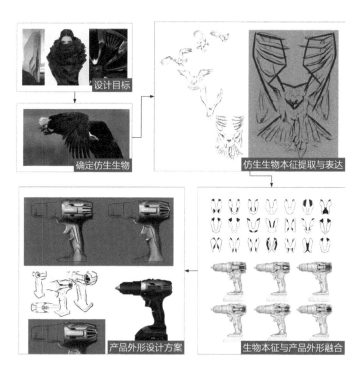

图4-35 电钻造型设计自上而下的仿生融合过程

4.5.2　自下而上的仿生融合

　　自下而上的仿生适用于已知生物模型，对生物外形本征提取与表达更有针对性。通过生物本征的提取，发掘潜在的产品外形仿生应用，能够更好地把握创新设计的发展方向，通过产品仿生设计过程可以高效地寻找有助于产品创新设计的解决方案[36-38]（图4-36）。

　　自下而上的产品仿生设计过程对生物外形本征提取与表达全面客观，产品创新设计方向更加多元开放，产出的设计方案也更多样化[7, 39, 40]。

　　李瑞等[41]从植物角度出发，对荷花进行本征提取与表达，步骤如下（图4-37）：

　　（1）取一张植物的形态图，以荷花为例。

　　（2）对植物中的形态进行点和线的描绘，得到植物的平面线条图。这个过程可以在Photoshop 或是CorelDraw中进行。

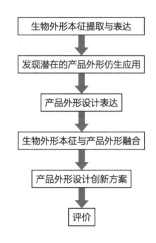

图4-36　自下而上的仿生融合程序

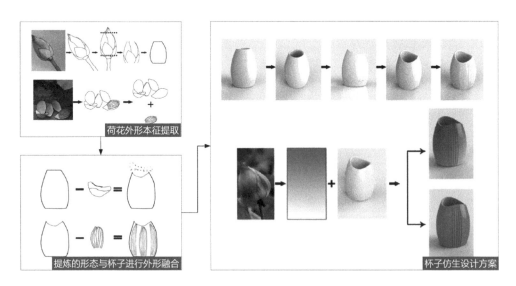

图4-37　自下而上的仿生融合案例

（3）得到植物的平面线条图后，把所需要的元素进行提取与分离，此次要提取的植物的元素是荷花花苞的外形、花瓣及花瓣上的纹理形态。

（4）得到元素后与家居产品进行联想，以便应用这些元素，并把元素简化。

设计师把荷花花苞的外形与杯子进行联想，对花苞外形抽象化，得到杯子的外形图，花瓣的形态与花瓣纹理的形态融入杯子的外观造型设计中。

在仿生融合过程中，将最初的花苞形态的杯子模型与花瓣形态进行减法运算后，花瓣形态元素会融入杯子的形态中，然后与花瓣纹理的形态进行减法运算，得到最终的杯子形态。提取花瓣的颜色并融入产品的外观设计中，得到产品的最终效果图。

4.6 路灯灯头仿生设计实践

以照明路灯灯头外形设计为例，进行仿生设计实践。由于该项目首先提出了产品的造型定位，即已确定了设计目标，因此该设计采用自上而下的仿生融合程序，步骤如下：

（1）明确产品外形设计目标

该项目要求产品面向国内市场，如二线城市、县城和新农村等，开发外形美观，能够体现设计附加价值，具有现代感且易于构成产品家族系列，能够形成品牌家族产品符号DNA，便于后期新产品的设计和衍生应用。

（2）选择仿生生物

为了使得路灯造型简洁现代，开展了仿生生物的选择。结合仿生生物与路灯产品的视觉性特征和意象性特征，分别挑选了白鹭、鸭嘴兽、鲸鱼和钻石等作为产品仿生外形的参考对象。

（3）仿生生物外形本征提取与表达

分别将所挑选的仿生生物外形进行抽象提炼，对最能代表生物特征的关键形态进行简化和变形，删减与产品外形无关的样式，最终确定仿生生物外形本征抽象形态。

（4）产品外形设计表达

对路灯灯头外形进行仿生形态建构，确定能够和生物本征融合的产品外形区域和部件。

（5）生物外形本征与产品外形融合

将提炼的仿生生物元素和已建构的路灯外形进行融合设计，不断迭代优化，最终确定最佳仿生融合设计方案，最大限度地满足产品的功能性、易理解性、易用性和消费者的感性需求。

（6）产品外形设计创新方案

进行路灯外形仿生设计可视化展示，力求通过仿生外形设计提升路灯造型美感，给人以现代感和高品质感，提升产品的视觉愉悦感，强化产品外形符号DNA，以便后续进行风格延续和演化。

该项目的路灯仿生外形设计方案如下：

方案一：白鹭外形曲线优美简洁，具有很强的现代感，因此确定白鹭为此方案的仿生生物。提取白鹭探头起飞的侧面线条，经提炼及再设计，提出修长型的路灯灯头设计。其中，路灯顶部镂空细节设计一是增加散热效果，二是造型上增加层次。下部为一个完整件，照明区内嵌长平面，能够最大限度地提升产品的功能及效用（图4-38、图4-39）。

方案二：鸭嘴兽憨态可掬，象征着开放和友好，此方案将鸭嘴兽作为仿生生物。提取鸭嘴兽的嘴巴，将简化的鸭嘴兽设计元素和路灯外形进行设计融合（图4-40、图4-41）。

图4-38　白鹭和路灯的外形融合设计

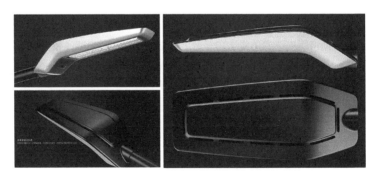

图4-39　白鹭仿生路灯外形设计方案

方案三：鲸鱼外形简洁柔美，这里将鲸鱼作为此方案的仿生生物。提取鲸鱼的外轮廓，将简化的鲸鱼设计元素和路灯外形进行设计融合，体现自然、动物、人类的和谐统一（图4-42、图4-43）。

方案四：钻石锋利的线条和棱角相结合，具有现代感和力量感，能够契合路灯的外形目标，因此将其作为此方案的仿生生物。利用钻石切割的设计理念，提取钻石的切割外形特征，将简化的钻石设计元素和路灯外形进行设计融合，使路灯整体没有丝毫的笨重感，反而充满了力量感（图4-44、图4-45）。

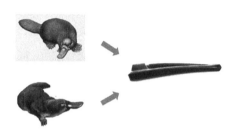

图4-40　鸭嘴兽和路灯的外形融合设计

图4-41　鸭嘴兽仿生路灯外形设计方案

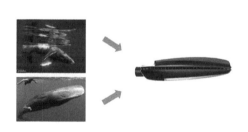

图4-42　鲸鱼和路灯的外形融合设计

图4-43　鲸鱼仿生路灯外形设计方案

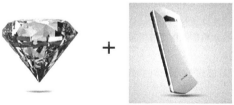

图4-44　钻石和路灯的外形融合设计

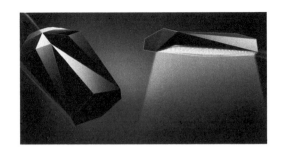

图4-45　钻石仿生路灯外形设计方案

　　目前，仿生融合实践主要是基于设计师的经验，运用仿生融合方法如功能性融合、视觉性融合和意象性融合，在仿生融合程序的指导下，提炼生物的本征，通过抽象、简化等设计手段，将生物和产品外形设计目标相互匹配，最后得到创新设计方案。

　　基于行为层面的仿生设计实践，有助于提升产品本身的功能和效用，提高消费者对产品的满意度和愉悦感。

参考文献

[1]　唐纳德・A・诺曼. 设计心理学3：情感设计［M］. 北京：中信出版社，2012：13-17，51.
[2]　罗仕鉴，张宇飞，边泽，等. 产品外形仿生设计研究现状与进展［J］. 机械工程学报，2018，54（21）：138-155.
[3]　孙宁娜，董佳丽. 仿生设计［M］. 长沙：湖南大学出版社，2010：6-25.
[4]　钱凤根，舒艳红. 设计概论［M］. 广州：岭南美术出版社，2004：76.
[5]　蔡江宇，王金玲. 仿生设计研究［M］. 北京：中国建筑工业出版社，2013.
[6]　戴振东，于敏，吉爱红，等. 动物驱动足摩擦学特性研究及仿生设计［J］. 中国机械工程，2005，16（16）：1454-1457.
[7]　Jia H，Li C，Zhang Z，et al. Design of bionic saw blade for corn stalk cutting［J］. Journal of Bionic Engineering，2013，10（4）：497-505.
[8]　吕建刚，高飞，宋彬，等. 基于蛇怪蜥蜴踩水机理的仿生推进装置数值计算方法研究［J］. 军械工程学院学报，2012，24（5）：26-30.
[9]　江锦波，彭旭东，白少先，等. 仿生集束螺旋槽干式气体密封特性的数值分析［J］. 机械工程学报，2015，51（15）：20-26.
[10]　王振龙，杭观荣，王扬威，等. 乌贼游动机理及其在仿生水下机器人上的应用［J］. 机械工程学报，2008，44（6）：1-9.

［11］ Feng C M, Liu T S. A bionic approach to mathematical modeling the fold geometry of deployable reflector antennas on satellites［J］. Acta Astronautica, 2014, 103（10-11）: 36-44.

［12］ 姜娜, 杨君顺. 仿生在产品造型设计中的应用［J］. 包装工程, 2006, 27（6）: 306-307.

［13］ 侯晓鹏, 杨保华. 面向产品设计领域的色彩仿生特征提取探析［J］. 包装工程, 2011, 32（24）: 139-142.

［14］ 江牧. 工业设计仿生的价值所在［J］. 装饰, 2013（4）: 16-19.

［15］ Zhao L, Ma J, Chen W, et al. Lightweight design and verification of gantry machining center crossbeam based on structural bionics［J］. Journal of Bionic Engineering, 2011, 8（2）: 201-206.

［16］ Liang J, Yang X, Wang T, et al. Design and experiment of a bionic gannet for plunge-diving［J］. Journal of Bionic Engineering, 2013, 10（3）: 282-291.

［17］ 刘小民, 李烁. 仿鸮翼前缘蜗舌对多翼离心风机气动性能和噪声的影响［J］. 西安交通大学学报, 2015, 49（1）: 14-20.

［18］ 岑海堂, 陈五一. 小型翼结构仿生设计与试验分析［J］. 机械工程学报, 2009, 45（3）: 286-290.

［19］ 王立新, 黄风山, 周强. 致灾农业昆虫捕集滑板表面结构仿生构建与性能验证［J］. 农业工程学报, 2015, 31（20）: 34-40.

［20］ 张建, 王纬波, 高杰, 等. 深水耐压壳仿生设计与分析［J］. 船舶力学, 2015, 19（11）: 68-75.

［21］ 邓为彪. 灯具仿生设计研究［D］. 武汉: 湖北美术学院, 2017.

［22］ 戚彬, 余隋怀, 王淼, 等. 基于眼动跟踪实验的产品形态仿生设计研究［J］. 机械设计, 2014, 31（6）: 125-128.

［23］ 史浩天, 张益明, 刘和山, 等. 眼动试验在机电产品设计上的应用分析［J］. 机电工程, 2014, 31（7）: 875-879.

［24］ Khalighy S, Green G, Scheepers C, et al. Quantifying the qualities of aesthetics in product design using eye-tracking technology［J］. International Journal of Industrial Ergonomics, 2015, 49（9）: 31-43.

［25］ Köhler M, Falk B, Schmitt R. Applying eye-tracking in Kansei engineering method for design evaluations in product development［J］. International Journal of Affective Engineering, 2015, 14（3）: 241-251.

［26］ 欧细凡, 周志勇, 刘博敏, 等. 基于眼动追踪技术的产品形态仿生设计研究［J］. 包装工程, 2018, 39（22）: 156-162.

［27］ 张阿维, 高小针, 陈彦蒿, 等. 基于认知耦合的产品造型仿生设计研究［J］. 机械设计, 2018, 35（6）: 120-124.

［28］ 高小针, 张阿维. 基于眼动实验的高压电机意象仿生设计［J］. 西安工程大学学报, 2018, 32（3）: 330-336.

［29］ 张云帆. 基于眼动分析的北宋瓯窑执壶设计基因研究［J］. 包装工程, 2018, 39（12）: 215-219.

［30］ 徐伯初, 陆冀宁. 仿生设计概论［M］. 成都: 西南交通大学出版社, 2016.

［31］ 马宏宇. 游艇外观造型的仿生设计研究［D］. 武汉: 武汉理工大学, 2010.

［32］ 于学斌. 产品仿生设计目标功能语义关联法研究［D］. 北京: 北京服装学院, 2008.

［33］张宪荣. 设计符号学［M］. 北京：化学工业出版社，2004.

［34］张琲. 产品语意学在设计中的应用［J］. 包装工程，2006，27（2）：188-189.

［35］许熠莹，徐琪，陈格兰. 仿生设计在电钻造型再设计中的应用［J］. 设计，2017（17）：14-16.

［36］高蕾. 基于情感体验的产品仿生设计［D］. 天津：天津科技大学，2014.

［37］杨昊. 大型公共建筑之生态仿生设计研究［D］. 郑州：河南大学，2016.

［38］冯海涛. 电动自行车车身造型仿生设计研究［D］. 长春：吉林大学，2016.

［39］袁雪青，陈登凯，杨延璞，等. 意象关联产品形态仿生设计方法［J］. 计算机工程与应用，2014，50（8）：178-182.

［40］郭聪聪. 基于章鱼形体特征的仿生设计—家用吸尘器设计［J］. 中国包装工业，2016（6）：256-257.

［41］李瑞，吴凤林. 从植物摄影到家居产品外观形态［J］. 包装工程，2014，35（4）：105-108.

第 5 章

价值层：仿生价值

仿生设计的价值体现在多方面，例如用户的深层次心理感受的展现与体验过程，以及产品在人类社会使用中的回应与反馈，包括社会价值、经济价值等。仿生设计价值层可以关注仿生设计中的产品功能价值与文化价值。

　　未来学家约翰·奈斯比特提到将技术的物质奇迹和人性的精神需求平衡起来，是一种高科技与高情感之间的平衡。奈斯比特认为在不久的将来，某个产品所包含的高情感，比如它的设计和所包含的艺术性人文价值，将会逐渐把它与其他有相似科技含量的产品区分开来[1]（图5-1）。

图5-1　科技与情感的平衡（图片来源：电影《机器人与弗兰克》）

5.1 价值层含义

价值是人类对于自我本质的维系与发展，既包含了人的意识与生命的双重发展，也包含了人与外在自然的统一发展。

仿生价值层面的设计，是在产品造型设计和功能实现的前提下，更多地关注产品的内在，关注产品所传达的信息以及背后的故事和内涵，引起消费者的情感共鸣，最终形成特有的产品形象和社会价值，甚至是共创价值。

仿生设计中出于对仿生对象模仿的自然属性，使得设计必然或多或少地映射出同大自然千丝万缕的联系。在设计中蕴含自然，仿生设计的产品会具亲和力。

人们通过产品仿生设计对自然进行不断的探索与研究，结合科学技术的发展以及多学科理论的系统化应用，对仿生对象的结构、功能、形态、色彩等一系列特征的提取、分析与模仿，创造出丰富的产品形式，不断为人类创造更加理想的生活方式与物态文化，提高工作效率。仿生学的应用能体现出人类在漫长历史文明中学习大自然的集体智慧，这种学习令产品更加实用、高效、贴近生活，通过唤醒人类对自然界的集体记忆，仿生设计在更高的情感层面满足了人类的需要，对情感、个性化以及生活情趣的需求[2]。

未来仿生设计技术与人文并重的思想意识与价值观念将会反映在"高技术、高情趣"和"适度技术、多元情趣"等目标的设计过程中，仿生设计可以从实用价值、文化价值和商业价值等层面不断探索技术与人文的多种关系和可能[3]。

仿生设计的价值层重点探讨本体价值、情感价值和社会价值。本体价值包括功能、技术等；情感价值包括情感、娱乐、艺术等；社会价值包括历史、文化等（图5-2）。

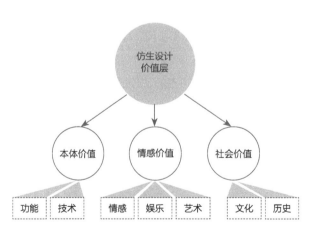

图5-2　仿生设计价值层

5.2 仿生设计本体价值

5.2.1 本体价值

　　纷繁多样的大自然为设计师提供了丰富的灵感来源。师法自然是人类存在的基本生活方式，自然也是艺术产生的源泉。目前对产品外形仿生的探讨最为普遍，外形仿生可以分为形态仿生、功能仿生、结构仿生、色彩仿生、肌理仿生、意象仿生等。

　　本体层的设计关注的是设计和产品本身，包括产品外观造型、结构、各部件及系统之间的关系，这些都会影响用户第一眼直观的感受。用户感受来自于产品的物理属性对人的触觉、视觉、听觉、热觉等感官刺激之后产生的感觉。仿生产品本身形象来源于大自然，让用户产生某种联想，拉近用户与大自然的距离，给人们带来最淳朴的乐趣，满足返璞归真、追求自然的情感需求。

　　设计追求的第一目标是功能，产品的价值来自于其功能的外在表现。随着生物系统的不断进化，衍生出与其生存环境有着高度的协调性和适应性的多种功能与特征，因此，功能仿生设计应运而生。仿生学在功能原理和技术方面不断模仿生物功能，这促使生物学和工程技术、设计学、材料学、建筑学等学科之间产生交叉与融合，人们可以有效地利用大自然中生物的功能和原理，降低创新的成本，提高工程生产力与劳动效率，极大促进科学与艺术的共同发展[4]。

　　自然环境仅仅需要少数几条能量定律就能为其遇到的所有可能性创建设计，这些定律体现为一些很基本的样式和形状，这些样式和形状在大自然的各种杰作中又能创造出很多变化。自然界的样式和形状呈现出了宇宙作品中的一些基本功能，能够转移、储存、连接能量。这些形式同样会用在人类文明的元设计中，大自然的设计目的亦是仿生设计的目的。样式和形状在二维的视觉设计和艺术作品中也是存在的，它们能够快速、有效地传达那些能让世界流畅运行的基本信息[5]。

　　研究动植物的客观规律，可以解决人类无法解决的问题。例如，早期航空飞行领域的一个难关是飞机机翼在高速飞行时容易发生震颤，机翼容易断裂。人们在对蜻蜓飞行观察过程中发现蜻蜓末端有个加厚的色斑"翅痣"，这种结构方式可以有效地抗震颤，因此将"翅痣"结构应用于机翼设计可以解决飞机在飞行中震颤而导致的机翼断裂的难题，如图5-3所示。

图5-3 蜻蜓"翅痣"与飞机机翼

5.2.2 技术价值

技术对于人类社会关系以及生活环境产生了潜移默化的改变。仿生技术是在工业及信息技术中添加生物功能与行为模拟,仿生技术的进步缩短了人与自然的距离,模糊了自然生物和人造机器的界限,使得人—机—环境更加贴合。

仿生技术不断成为各个国家科技发展的重点,例如德国非常重视仿生材料、电子技术、生物传感器等新技术材料领域的研发,日本、俄罗斯等国家在生物技术、先进制造等领域也制定了中长期计划,各个国家都希望借助仿生技术占据产业的主导[6]。

技术是人类发明的工具,其作用有好有坏。例如,通过互联网的连接,我们可以方便地与全世界的几十亿人民互动,人们可以通过社交网站虚拟地聚集在一起,监督自然灾害和公司或政府的不作为,也可以为那些需要的人提供金钱或情感上的帮助[5]。然而,人与自然的边界逐渐被成熟技术所模糊,进而也产生出许多关于人性的问题,在学术界开始形成了技术乐观主义和悲观主义两大类别。

1. 人与仿生技术的关系

如何使仿生技术系统为用户发挥更大的价值,首先需谈到人与技术的关系。唐伊德提出的技术现象学学说将其概括为四大类关系:具身关系(Embodiment Relations)、解释关系(Hermeneutic Relations)、它异关系(Alterity Relations)与背景关系(Background Relations)[7]。

当仿生技术更好地融入人类行为活动中时,可以用具身与背景关系来解释:

(1)具身关系指的是当仿生人工物融合进入人类行为活动时,直接参与甚至延伸人们的知觉能力。

（2）背景关系指的是当仿生技术不影响人的行为并且不可或缺时，由于背景技术其作用对象是一种场域，其失效会引起严重后果，例如夏天天热时使用的空调、水和电等。

人与仿生技术形成具身关系时，"具身关系价值"体现在更加贴合人行为的良好协助作用，以及人机活动的融合作用，例如方便残疾者行动的生物外骨骼、虹膜植入技术等（图5-4~图5-6）；形成背景关系时，"背景关系价值"体现在它良好模仿生物活动习性的自我隐蔽性以及必要性，例如航天太空站的重力模拟系统等（图5-7）。

如何将仿生技术运用在作为典型的"具身技术"上，或是运用在不被察觉却不可或缺的"背景技术"上，并与人类活动相融为一体，即考察设计师如何细致探索人行为的

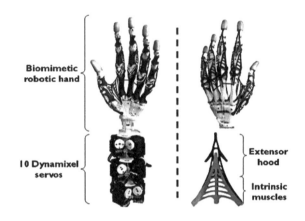

图5-4　生物骨骼（设计师：Zhe Xu、Emanuel Todorov）

图5-5　Soft Exosuit
外骨骼设计

图5-6　虹膜植入技术

情感层次与动机诉求，是探讨人与仿生技术的一个重要环节。

2．优化现实世界

随着信息革命的来临，新的设计工具已随着时代发展、仿生技术的持续更新而诞生，在新技术的语境之下，设计成为人类社会与自然界沟通的"纽带"。仿生设计能够借助于自然界事物的特征，优化现实事物。

2011年浙江大学唐睿康教授课题组仿造人类骨骼结构，研制出一种新型材料，其强度、韧性十分接近天然人类骨骼，实现了纳米尺度上对骨骼的仿生设计和制备（图5-8）。传统的人工合成材料与天然骨骼相比太硬，抗弯曲性较弱，同位异体骨能解决韧性差的缺陷，但取用手术对于病人来说十分痛苦。该"仿生骨"的成功研制对于骨移

图5-7　蘑菇形空间站

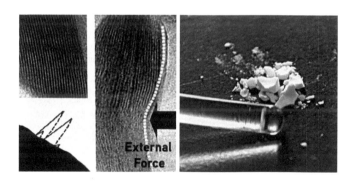

图5-8　人类骨骼仿生实验

植和损伤修复意义重大，成功应用于临床更是造福于骨伤患者。

2019年唐教授课题组又成功发明研制一种牙齿仿生修补液，这项仿生设计有望在临床上真正实现牙釉质的原位修复，有望将牙修复从"填补时代"带进"仿生再生"阶段，实现仿生领域中最难的挑战之一（图5-9）。此前科学家们尝试过仿生矿化、传统填料修复等方法，并未取得显著修复成果，达不到临床应用的要求。该发明用于牙釉质缺损处，48小时之内缺损表面能够"长"出2.5微米的晶体修复层，与原有组织无缝连接[8]。

3. 探索未来世界

仿生技术发展亦旨在探究人际间更和谐的语言、情感交流方式。仿生技术进步旨在提高机器的环境感知适应能力，协助研发者设计更贴合环境、更智慧的机器与人的交互方式。

当计算机仅具备推理运算能力时，比起人类大脑在运行速度、储存能力上优秀许多；当计算机缺乏情感功能时，面对储存器中的众多数据，决策能力、环境适应能力远远不如人类。这也正是相比人类而言机器功能的一大缺陷，目前机器需要进步之处正在于此，因此情感计算机的发展显得尤为关键。机器具备类人情感之后会发生什么，科幻电影作品《2001：太空漫游》（图5-10）、《银翼杀手》中的情境描绘出多种未来的可能，但是谁也不能断定之后即将发生的是什么。

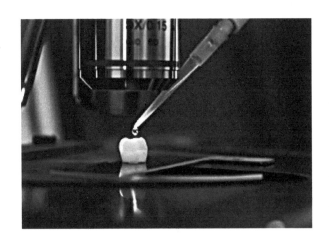

图5-9 牙釉质修补实验

图5-10 《2001：太空漫游》电影海报

产品仿生设计

5.3　仿生设计情感价值

人类身处于科技与信息被重构的数字新世界中，观念与规则正在被重新定义与理解，人与物、环境的边界逐渐模糊起来。如今生产力大幅度提高，相较传统工业社会人均收入成数倍增长，物质利益得到一定程度上的满足，人们不仅关注物质生活，更多地开始依赖于故事和感觉定义自己对生活的需求[9]。

产品价值是精神意义上的、非物质的产品属性，手表的价格反映出精准计时的功能价值；附加价值，又是非物质功能价值，譬如说彰显主人个性故事的故事价值，往往占手表总值的一半[9]。产品不仅仅是工具，还可以被视作与人有关系的有生命力的物体，它们拥有一定的含义与文化内容；它们亦有能力引起使用者的不同情绪，例如高兴或生气、安全或焦虑等。

5.3.1　情感价值

认知赋予事物意义，情感赋予事物价值。人们当前情绪会支配其行为与思考方式，并相应做出不同的决定与决策。过去的几十年间，不断有学者发表文章强调人类的情感意识在沟通交流、社会写作方面的重要性，即便当交谈、交流的对象呈现克制、理智状态时。麻省理工学院计算机教授Marvin Minsky在著作《心智社会》中提到，人类是具备情感功能的"机器"，行为活动是人脑内多层次模型搭建的发生结果[10]。短时间情绪和长时间心境使人们改变自身行为。

产品设计意味着内容与形式高度融合，设计师需要具备艺术家标准的审美和科学家标准的理性。现如今，产品设计已从功能主义（形式追随功能，Form Follows Function）转向情感主义（形式追随情感，Form Follows Emotion），即一件设计好的产品不仅要满足用户的生理需求，还要满足心理上的需求，实现用户的价值追求（形式和功能都要实现用户的梦想）。随着工业设计的不断发展，以用户为中心的设计成了人们研究的主题。"有吸引力的东西更好用[11]"，简明地诠释了产品唤起人们正面情感可使产品功能更好被使用的关系。如图5-11，仿生贝壳椅子，它提取了贝壳形态元素，在外形上极具趣味性和表现力，此款椅子使用方式多样，用户可以将靠背打开，坐入其中，也可将靠背折叠，供用户坐于靠背外侧。由于扬声器置于靠背外侧，两种状态都不会影响产品的娱乐性。坐垫后部的提手设计，折起后方便搬运与携带。这款贝壳椅子是功能和形式的高度融合，是一款很有吸引力的仿生设计产品。

　　运用仿生设计手法可以调动用户的正面情感。情感的力量有时随着时间的流逝而减弱。人类所有行为动机在爱与惧怕两种力量之间产生，相互转换。漫长的演化历史中，提供温暖与庇护的事物激发人类的正面情感，诸如温和的气候、宽敞的居所、动听的音乐、安全的感觉等。处于惧怕的对立面，被爱围绕状态下的人们，在决策行为时会变得更通畅、高效，逻辑性更强[11]。

　　潜意识中，用户的正面情感可能会随着某次不经意动作被唤醒，从而获得温暖的体验。竹蜻蜓是中国民间的一种儿童玩具，旋转即可使其在天空中飞翔。张剑教授团队设计的竹蜻蜓开瓶器（图5-12），巧妙地将竹蜻蜓元素与葡萄酒开瓶器和瓶塞结合，将开瓶动作拟人化，唤醒用户的童年记忆，开启酒瓶这个费力的动作在运用竹蜻蜓的巧妙设计下，瞬间温情、丰富起来[12]。

　　运用仿生设计手法可以抚平用户情绪，起到安慰作用。由日本Bril Design Collective设计的雪松摆钟，没有指针，由日本雪松木制成的枝叶和圆形框架组成（图5-13）。雪松摆钟模拟树叶由黄变绿的变色过程，表达一整年的时间。该产品能够让人

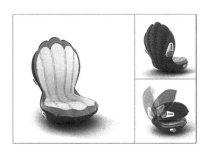 

图5-11　贝壳椅子　　图5-12　飞翔的酒瓶

图5-13　日本雪松摆钟

126　　　　　　　　　　　　　　　　　　　　　　　　　　　　　　　　产品仿生设计

图5-14　雅各布森的蛋椅　　　　图5-15　Mydoob设计的笔筒

们在毫无察觉的情况下感受到时间消逝带来的细微变化，帮助人们静下心来缓和浮躁的心境，是一个情感化的仿生设计产品。

运用仿生设计手法可以拉近产品与人的距离感。设计师雅各布森设计的仿生蛋椅能够让人们在使用产品时产生安全感、舒适感（图5-14）。为了迎合儿童用户的心理需求，Mydoob将袋鼠的大口袋融合进笔筒设计，笔筒产品造型轻巧、可爱、机灵，颜色鲜艳，深受儿童的喜爱（图5-15）。

5.3.2　娱乐价值

快乐是人们渴望的生命特征，表达着积极的情感状态，积极的情感有利于克服压力。心理学家Barbara Fredrickson和Thomas Joiner说过，积极的情感可以拓宽人们的思想，增强人们的行动技能。快乐引起游戏的强烈欲望，兴趣引起探索的强烈欲望，而探索则会增加知识并提高心理的复杂性[11]。

人类因素专家Patrick Jordan提出"愉悦层次模型"，他将用户的愉悦情绪反应分为四个层次：第一，生理愉悦，即身体本能层次和行为相结合产生的快乐，包括受到视、听、味、触觉刺激；第二，社交愉悦，即从与其他人或社会的交流中获取的快乐，产品在此起到了重要的社会沟通作用，具有社交愉悦性的产品既是行为层又是反思层面的设计；第三，精神愉悦，是指人们在使用产品时产生的心理活动和反应状态，以及所获得的社会性愉悦；第四，思想愉悦，存在于人们对经历的反思和回忆，令用户产生思想愉悦的产品经过设计者的深思熟虑，属于反思水平的高层面设计。仿生产品设计可以通过模仿自然，将日常的事物转变为有趣的东西，激发用户多层面的愉悦，达到良好的效果。如仿鼹鼠形态的小闹钟和仿水牛形态的储蓄罐设计，通过小动物生动活泼可爱的

图5-16　鼹鼠小闹钟　　　　　　图5-17　水牛储蓄罐

外形，激发用户的愉悦感（图5-16、图5-17）。

5.3.3　艺术价值

经过数亿万年进化的大自然，是设计师们源源不断的灵感源泉。产品仿生设计是设计师师法自然的艺术表现，通过抽象、概括和提炼等设计方法将自然界的形态转化为社会形态，通过产品的艺术表达，带给人美的感受[13]。

爱美之心，人皆有之。形式美学是人类文明中对美的总结和提炼而形成的形式规律，是一切艺术造型的基础和表现。将美学规律应用于产品设计中，并以仿生形态表达，能够创造出美妙的艺术产品，让人们获得美的熏陶和快乐。

从色彩仿生角度来看，自然界中的色彩丰富，并按照一定的规律呈现，色彩的对比与调和能够呈现艺术美，提高视觉艺术魅力和识别度，进而提升产品品质，提高产品使用的安全性和效率。从抽象仿生设计来看，由于是对生物原型进行的概括、提炼，使得产品外形既脱离了原本动植物的具象特征，又带有原来形态的影子，这种"形似和神似"，是一种对艺术美的知觉和意味的直觉[14]。

德国著名科学家科尼希认为"自然是艺术之母"。有不少产品设计师通过仿生设计来表达产品的艺术之美，例如创意机构Liberté，其设计的艺术仿生雨伞架Crane，通过线形构成和仿生手法，将雨伞架演绎得活泼生动，仿佛就是一个雕塑艺术品，如图5-18。由Stéphane Leathead设计的百变鱼椅（Exocet Chair），具有独特巧妙的结

　　　　　　　　　　　　　　　　　　　　　　　　产品仿生设计

构。以鱼头为中心，翻动鱼尾，就可以得到用户想要的各种形状，满足不同的需求。百变鱼椅在功能和形式方面有着完美的平衡，是一款功能性和艺术性极强的仿生家居用品（图5-19）。

　　来自英国设计工作室Studio Ayaskan创作的"Sand"，虽然是一个时钟，但是却不能挂在墙面上。在早晨，指针上的环节会在沙面上刮出一圈圈的同心圆，仿佛水面上的涟漪。中午过后，涟漪会慢慢地被指针抹平，恢复原貌，仿佛时间流逝。这款时钟充满着浓厚的禅意和艺术魅力（图5-20）。

　　德国设计师路易吉·克拉尼认为有柔性曲线的物体都是人们所喜爱的，世界上的任何东西都以曲线存在[15]。他设计的产品大多以曲线、曲面为主，通过仿生设计表达产品艺术美学及功能。例如Schimmel飞马钢琴（图5-21），将钢琴和演奏者融为一体，通过流线型曲线表达钢琴的独特灵性和艺术生命力[16]。

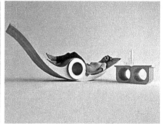

图5-18　Liberté 设计的雨伞架 Crane

图 5-19　Stéphane Leathead设计的百变鱼椅（Exocet Chair）

图5-20　Studio Ayaskan创作的"Sand"时钟

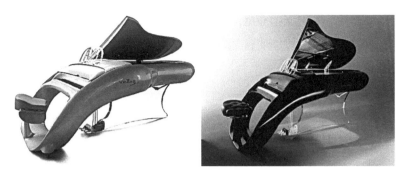

图5-21　路易吉·克拉尼设计的Schimmel飞马钢琴

5.4　仿生设计社会价值

5.4.1　文化价值

文化，是指人类在社会历史发展过程中所创造的物质财富和精神财富的总和。几千年的人类文明发展史，缔造了今天世界不同的灿烂文化。各个国家、地区、民族都有独特的文化。仿生设计的文化价值体现在设计师立足厚实的文化基础，借助仿生设计的形式，将文化中的"意"与设计后的"形"有机结合起来，达到既传承、发扬优良文化的目的，又为设计增添了情趣与文化内涵[17]。

仿生设计手法在不同的文化语境下可以蕴含多样的文化隐喻。人类行为和反思层活动容易受经验、训练和教育的影响，其中文化观念起关键作用，文化观念的差异可造成截然不同的结果，在一种文化里普遍存在的现象，在另一种文化中未必流行。设计师有时采用人为赋予意义的自然事物作为设计灵感或材料，可以丰富产品文化与情感内涵。

1. 文化符号

文化符号是文化知识的提炼和抽象表达，在产品设计中体现一定的文化符号能够较好地传承文化精神。在人类创新设计活动中，从文化符号角度进行仿生设计，是一种创新设计思路，既能赋予产品文化底蕴，又能展现产品的视觉美学，增加产品与人之间的思想互动。中国古代的"天人合一"、"崇尚自然"也能在仿生文化设计中进行实践和体现。

以2008年北京奥运会的祥云火炬为例（图5-22），火炬造型结合了中国书画中的卷

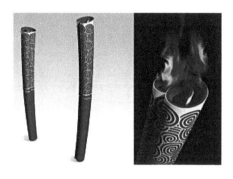

图5-22　2008年北京奥运会火炬　　　　图5-23　台北101大楼与竹子形态

轴符号和祥云符号，展现了中国悠久的历史和深厚的文化底蕴，意指奥运精神像火炬及中国文化一样生生不息。整个奥运火炬典雅华丽，以"形"传"意"，富有文化意味。

竹子，自古以来就有节节高升、学习与成长等美好的寓意，被称作"岁寒三友"，象征着高洁与挺拔不屈。台北101大楼多节式外观设计灵感来源于竹子（图5-23），大楼巧妙地运用结构仿生设计方法将传统文化元素与建筑相融合。每八层楼作为一个结构单元形成自主的空间，构筑整体。台北101大楼通过竹子的仿生表达，象征着生生不息的中国传统文化内涵。

美国著名科幻电影《蜘蛛侠》上映后，蜘蛛侠动感十足的形象以及相关产品便遍布了全世界，成人、儿童都十分喜爱这一科幻角色。设计师在设计儿童音乐摇椅时同样借鉴了蜘蛛侠漫画角色的外观形态。该设计在商业市场领域获得成功，产品销往全世界。蜘蛛侠摇椅的造型元素塑造了一种前卫、时尚、酷、与众不同的消费文化，同样正是美国漫威超级英雄的流行文化符号，符合小朋友和年轻人猎奇、与时代同步的消费心理（图5-24、图5-25）。世界在这样的文化交流融合中，走向多元与包容，设计的作用在这里即体现为连接各种文化的桥梁。

无论是东方文明还是西方文明，人类从认识自我、认识自然到回归自然的潜在思想转变是必然的。"回归人性、回归自然"已成为21世纪现代设计思想的重要组成部分之一，仿生设计作为现代设计的发展方向，更是体现现代设计中自然与人性回归的代表性理念。

2. 追求生态和谐

目前，大多数自然资源受到农业经济的支配，世界上大部分地区的人们已战胜

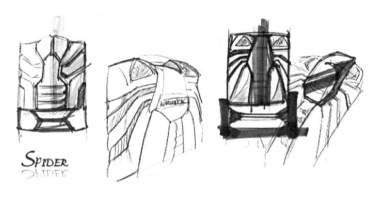

图5-24　蜘蛛侠形态提取

图5-25　蜘蛛侠形态音乐摇椅设计

饥饿。21世纪的今天，人们逐渐意识到过度利用自然资源造成的后果，开始反思人类是大自然不可分割的一部分，出于利益应该尊重自然法则，与自然和谐与共，而不是统治与支配。越来越多的设计者在呼吁可持续发展和绿色设计，以维持生态平衡。仿生设计是一种人类与自然和谐共生的方式，能够引领人类回归自然，与自然和谐共生。

路易吉·克拉尼认为，设计的基础应来自诞生于大自然的生命所呈现的真理之中。人类师法自然的行为本身具有环境友好性，符合现代生态设计的理念。博克兰德认为，为生态服务的设计不但可以再生或者产生良好的可持续发展的生态系统，还能提供多样化的生态产品和服务系统[18]。

意大利米兰是世界著名的国际大都市之一，世界历史文化名城，世界歌剧圣地，世界艺术之都。然而，在这座城市经济文化不断发展的同时，越来越多的农地和自然生态被破坏。在钢筋混凝土的城市中，著名建筑师博埃里将生态和谐理念引入建筑环境中，将平铺的森林立起来，在寸土寸金的大城市里建造一个人与自然共同的家。博埃里设计的"垂直森林"，是将城市高密度居住区发展和城市中心绿化相结合的一种途径。"垂直森林"项目旨在缓解城市化进程中的环境问题，是第一座微气候大厦，高27层，沿着外墙体层层种下730棵乔木、5000株灌木和1.1万株草本植物[18]。各种植物、花草、灌木点缀在阳台上，让生活在建筑中的人们仿佛置身于大自然，拥有了城市领域与自然领域之间全新的生活体验（图5-26）。

树木是人类安静的守卫者。它们用其一生为这颗星球呼吸，支撑了整个生态系统，为食物、庇护所和药材奉献了自己。它们富有弹力的树枝升起了天空和我们的精神。它们的根基如同时间本身一样古老，因此，没有树木的世界也就没有了生命。

为了继续生存，人类必须和树木共存，并为树木提供有利的生长环境。在德国，建筑师Ferdinand Ludwig博士创造了一种利用生长着的树木建造的建筑系统Baubotanik（图5-27），其中文涵义又称建筑植物学，即利用植物进行构造，是一种利用生长着的木本植物作为承重结构，系统运用了仿生学、建筑学、结构工程学和植物学等学科的相关概念和建造方式。Ferdinand Ludwig将现代材料和技术植入生长的植物中，利用植物的生长使两者融为一体，活的植物元素就成为建筑的主要结构，达到生物与非生物成分连接形成复合结构的目的[19]。

图5-26　意大利米兰的"垂直森林"

图5-27　Ferdinand Ludwig的Baubotanik 建筑

5.4.2 历史价值

设计伴随着劳动的出现、人类的产生而开始。当远古的先人们用一块石头砸向另一块，打造出有某种功能的工具时，设计就诞生了。从最广泛的意义上讲，人类所有生物性和社会性的原创活动都能称为设计[20]。设计艺术几乎涵盖人类有史以来一切文明创造活动，其中它所蕴含着构思和创造性行为过程，也成为现代设计概念的内涵和灵魂[21]。

在我国，古人"见飞蓬转，而知为车"（《淮南子》），即"飞蓬"草遇到大风吹起来，旋转如轮状，古人因此受到启发，发明了车轮和车子。"观落叶浮，因以为舟"（《世本》），古人看到漂浮在水面上的落叶，联想让木头浮在水上以载人，于是发明了船。

古希腊哲学家德谟克利特（Democritus）认为艺术产生于对飞禽走兽的模仿。人类许多的行为活动可追溯于模仿动物，用于寻求生存技巧。例如缝补活动学习于蜘蛛织网，堆砌石块学习于燕子筑窝，鲁班发明锯子来源于锯齿草，等等。原始人类的旧石器造物活动中，反映了人类对自然仿生的实用价值，西班牙北部的阿尔塔米拉洞穴壁画是西班牙的史前艺术遗迹，洞内刻画着原始人熟悉的动物形象（图5-28），是人类描摹大自然的最初时期，也是艺术的初生阶段。半坡彩陶的鱼形纹（图5-29），呈现出人类对自然形态美的追求新阶段。到了石器时代，人类用于生产的石器工具发展，由原始的石斧头发展到功能细化的尖状器、刮削器等，最常使用的棍子和石头形成的石具，是对动物的头角和爪牙直接性地功能模仿。参照鱼刺做成骨针用于缝纫，模仿动物牙齿做成飞镖进行投射，等等。

图5-28 阿尔塔米拉洞穴动物图案

图5-29 半坡彩陶的鱼形纹

在文明演化的几十万年间，人类对于自然界已具备本能性的认知，人类在模仿探究大自然的同时，也创造累积了无穷尽的宝贵的科学知识和伟大的人类文明文化。大自然是很好的创作环境，我们可以从中获取涵义并将其转换成为功能性和价值性的设计，而这些都被保存在人类关于历史的记忆之中。人类有能力很好地理解周围的大自然是如何运作的，无论是陶器、青铜器、瓷器、漆器，还是如今的硅基材料、高科技产品，这些都是在体验自然、经验历史之中对自然界原料加工获取而得。自古以来我们有着不断认识自然的体验，例如感受泥土的细腻、铜铁的坚硬、火焰的炙热，也有着重新改造自然原有材料的成就，诉说于博物馆出土千年以前的文物。

人类关于仿生的历史价值被储藏在文明历史以及人类潜意识之中。我们站在祖先的肩膀之上，几乎每一代人都能够从前辈人身上汲取无数经验，文化记忆得以传承。不同于关注表面的材料结构，我们常运用质感仿生设计手法讲述大自然、物品传达给人的感受，这些感受基于人类动物本能的经验认识一代代积累，已成为人类集体记忆中的一部分，超越本能感官上的触觉感受，并上升到情感认知的层面，满足了人类集体潜意识的历史价值需要。

参考文献

[1] Naisbitt J，Bisesi M. Megatrends：Ten new directions transforming our lives [J]．Sloan Management Review(pre-1986)，1983，24（4）：69.

[2] 罗仕鉴，张宇飞，边泽，等．产品外形仿生设计研究现状与进展 [J]．机械工程学报，2018，54（21）：138-155.

[3] 于帆．仿生设计的理念与趋势 [J]．装饰，2013（04）：27-29.

[4] 许永生．产品造型设计中仿生因素的研究 [D]．成都：西南交通大学，2016.

[5] Maggie M．源于自然的设计 [M]．樊旺斌译．北京：机械工业出版社，2012.

[6] 人民网：香山科学会议探讨"仿生学的科学意义与前沿"[EB/OL]．（2003-12-16）．www.people.com.cn/GB/keji/105612249107.html.

[7] Ihde D．Technology and The Lifeworld：From Garden to Earth [M]．Bloomington：Indiana University Press，1990.

[8] Shao C，Jin B，Mu Z，et al．Repair of tooth enamel by a biomimetic mineralization frontier ensuring epitaxial growth [J]．Science Advances，2019，5（8）：eaaw9569.

[9] 罗尔夫·詹森．梦想社会：第五种社会形态 [M]．大连：东北财经大学出版社，1999.

[10] Minsky M．Society of mind [J]．Artificial Intelligence，1991，48（3）：371-396.

[11] 唐纳德·A·诺曼．设计心理学3：情感设计 [M]．北京：中信出版社，2012.

［12］ 张剑. 奖述生活：生活工作室获奖及参赛作品选［M］. 福州：福建美术出版社，2017.

［13］ 马宏宇. 游艇外观造型的仿生设计研究［D］. 武汉：武汉理工大学，2013.

［14］ 苏珊·朗格. 艺术问题［M］. 滕守尧译. 北京：中国社会科学出版社，1983：32.

［15］ 田君. 自然：源头与方向——卢吉·科拉尼的仿生设计［J］. 装饰，2013（4）：35-40.

［16］ Myers W. Bio Design：Nature，Science，Creativity［M］. Thames & Hudson，2012.

［17］ 宋云，周俊良. 文化仿生——仿生设计的新领域［J］. 艺术教育，2007（9）：20.

［18］ Fletcher K，Grose L. Fashion and sustainability：design for change［M］. Laurence King，2012.

［19］ 朱华，陈娟，张军杰. 非常绿建——德国Baubotanik的创新实践［J］. 华中建筑，2018，36（9）：21-24.

［20］ 尹定邦. 设计学概论［M］. 长沙：湖南科学技术出版社，1999.

［21］ 荆雷. 设计艺术原理［M］. 济南：山东教育出版社，2002.

产品仿生设计

第 6 章
产品仿生设计的品牌风格

全球经济的一体化，消费品市场竞争日渐激烈，同类产品在市场中如何脱颖而出被用户选择，品牌如何打动用户并被长久的记忆且被忠诚和传播，成为一个重要的话题。同时，随着我国国力上升、经济实力增强，"中国制造"也从劳动密集型转型为技术创新型和设计创新型，"中国制造"正在走向"中国设计"和"中国智造"，品牌塑造是一个重要的课题。

　　优秀的产品和品牌都应有其独有和易于识别的风格。从品牌和风格的概念出发，结合产品族设计 DNA 方法和感性意向匹配，探讨仿生设计在品牌风格形成中的作用和方法。

6.1 品牌风格

　　品牌风格是品牌最重要的特点,在产品设计、生产和销售中起着非常重要的作用。本章将从品牌的概念、风格的概念、产品风格计算、品牌的产品识别几个方面来探讨品牌风格。

6.1.1　品牌

　　美国市场营销协会(American Marketing Association,简称AMA)将"品牌"定义为:名称、术语、设计、符号或任何其他功能,用于标识一个卖方的商品或服务与其他卖家的商品或服务不同。品牌的法律术语是商标。品牌可以标识一个商品,一个商品系列或者卖家的所有商品[1]。

　　"品牌"这个词可以追溯到日耳曼语"brandr",它指的是用热铁燃烧制成的商标。现在意义上的品牌,除了包含名称、图案、标记这些信息之外,还包括了品牌识别、品牌价值以及品牌形象等相关内容,并将企业、产品与消费者紧密联系在一起(图6-1)。

　　从工业设计的角度来看,品牌绝不仅仅是一个标志和名称,它有着丰厚的内涵,蕴含着企业精神文化层面的内容;同时具有强化市场识别和保护作用,也能增进消费者购

图6-1　2009年获奥斯卡学院奖的最佳动画短片《商标的世界》

买的机会。

　　品牌可以影响企业竞争力。从资源优势竞争理论的角度出发，品牌也是资源。品牌不仅可以被视为增加公司价值的一般"资产"，而且是一种资源资产。它有助于公司生产对某些细分市场有价值的市场产品，如漫威超级英雄系列电影拥有很强的品牌影响力和受众，依靠累积的品牌口碑，《复仇者联盟四》赢得了巨大的票房与商业价值（图6-2）。

　　品牌体验包括四个方面：（1）情感方面，在于捕捉情绪；（2）智力方面，品牌能激发思维能力，包括分析思维和想象思维；（3）感官方面，品牌能吸引感官的审美和感官品质；（4）行为方面，包括品牌的行为和使用经验。

6.1.2　风格

　　风格的定义：艺术作品在整体上呈现的有代表性的面貌，如图6-3所示的后印象派风格。通常被用来描述不同事物的特征，如我们日常会听到它被用来描述建筑物、家装的风格，如现代主义风格、极简风格、复古风格等，也会被用来形容文学、行为以及人

图6-2　漫威超级英雄系列品牌

图6-3　后印象派风格画家梵高、高更、塞尚作品

的穿衣打扮等[2]。

对工业设计而言，产品风格是指一组或者说一系列产品共同的特征所组成的集合。风格与产品设计紧密相连，是设计师通过一系列的造型元素以不同的构成方式表现出来的形式。每一个风格都代表了一组确定的风格特征，当然某种风格的产品当然也具备相应的特征属性。

造型风格的产生是品牌历史和新设计概念的综合过程。品牌造型风格的产生是维持品牌形象和延续品牌认知的必然结果，是满足用户需求与明晰品牌形象之间的边际创新。对风格的描述和研究，需要综合产品形态的视觉属性和美学属性，即产品的特征形象和美学认知。特征形象的表征是实体性的，例如颜色、材质、形态和形状；美学认知的表达则是语意性的，例如用词语描述的设计语言和美学概念。其中，形态和形状构成品牌的造型特征，词语和语言形成品牌造型语义，两者共同奠定了品牌造型风格形象[3]（图6-4）。

物理的造型特征和心理的意象特征是构成产品风格的两个重要部分。造型特征是人们所能看到的产品的物质外形，意象特征是指人们对产品的心理感受；造型特征是产品风格的物质表现，意象特征是产品风格的精神依托，二者缺一不可。

（1）造型特征：主要包括产品形态、材质、颜色、纹理等。

（2）意象特征：我们通常用心理感受来描述一个产品的设计，如漂亮或丑陋、浓重或轻浮、平衡或烦乱、光滑或粗糙等。人们通过一系列抽象的词汇来描述对产品的心理感受，因此意象特征可以用这些形容词汇来进行描述[4]。

图6-4　北欧风格家具（Savannah 沙发，设计师：Monica Frster）

6.1.3　产品风格计算

　　由于产品风格大多与设计师的经验、直觉和灵感相关，因此产品的风格研究很难以客观的方法进行分析和解读。但是，国内外还是有很多专家尝试以各种方法来"计算"产品风格。黄琦等对几种产品风格计算方法进行了总结，大致分为以下四种：

　　1. 基于形状文法的产品风格描述与再现

　　20世纪70年代，Stiny[5]沿用语言学中衍生文法的概念首先提出了形状文法，即透过形状的文法关系与规则来描述设计的空间组织或造型组成。此后，美国人Kirch等使用经修正和完善的形状文法去分析加州抽象派画家迪本柯恩的"海洋公园系列"作品，并根据文法分析所得的规则重新生成了具有其风格特色的新作品。进一步地，美国卡内基梅隆大学的Cagan等[6]详细调查了别克汽车前脸的造型风格，采用形状文法的方法将别克品牌的关键设计元素编码成一种可重用的语言，重新生成了与其品牌一致的汽车造型（图6-5）。国内，潘云鹤[7]利用形状文法进行图案设计和建筑风格的模拟；孙守迁等[8]结合云南斑铜工艺品，分析了该类工艺品的造型要素、规则与风格构成，并进行了工艺品风格的再现工作；庄明振等[9]利用形状溯源和衍生来再现风格类似的产品造型。

　　目前，该领域的研究主要集中在两个方面：一是对现有产品设计或同一产品线产品设计的相似与不同进行提取，归纳出品牌风格；二是根据已有的产品组风格和设计元素创造出新的下一代产品。

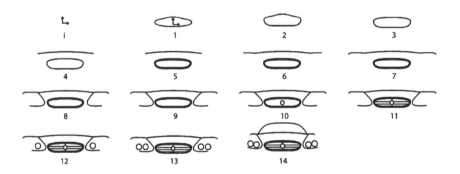

图6-5　基于形状文法生成的2002款别克

2．基于感性工学的产品风格与造型要素关联

日本学者Nagamachi（长汀三生）[10]所倡导的"感性工学"及相关研究已经成为通过消费者评价参与引导设计的常用方法。

感性工学的核心在于通过各种调查技术与分析方法获取产品风格与造型要素之间的关系。目前，国内外有许多专家学者从事这一领域的研究工作，他们以家具、汽车、电动刮胡刀、手机为案例，运用语意差分法、多向度评测法等来研究产品风格与造型要素之间的关联性；但是这些研究仅局限于点状式、局部的感性工学研究，其成效不是很明显。中国台湾有学者针对这些问题，提出了复合式感性工学导向的产品开发设计模式与系统[11]。中国大陆也有学者结合太阳镜、手机、数控机床的造型设计，采用意象尺度法研究产品风格与造型要素之间的关系，并开展了一些工作。

傅业焘等[12]以电话机产品为例，提取了风格意象和外形基因，计算了外形基因在各风格意象中的贡献率，基于映射模型构建了面向风格意象的产品族外形基因建模与设计系统，实现了产品族外形基因与风格意象之间的双向推理，如图6-6。首先对电话机外形部件和外形基因进行编码，接着邀请被试者进行感性评价，最终计算出各外形部件在风格意象评价上的权重和各外形基因的贡献率。

3．基于认知心理学的产品风格认知

心理学研究方法也是品牌风格识别的重要方法。自20世纪90年代初起，美国爱荷华州立大学的Chan[13]就一直致力于此。他认为如果存在着能代表风格的特征，则风格可以被看作是拥有一些基本特征的实体。这些特征可被视为一种比例尺度，衡量产品风格的强度以及风格之间的相似度。2000年，根据大量的认知实验和数据分析结果，他提出了"风格是可被量化"的结论，并给出了基于风格相似度模型的风格认知方法。

陈俊智[14]根据对相关产品风格的认知研究，提出了一个基于特征匹配的产品风格认知行为模式，如图6-7所示。在风格判断过程中，使用者通过对造型特征的观察，产生感觉与认知，再经过与记忆系统的比对进行分析与归纳，产生个人对风格判断的规则，进而对风格加以判断。而在判断过程中，较为特殊的现象是受测者随着观察的进行，逐步对其产生的判断规则加以修正。这种反馈主要是因为在观察过程中，随着某些造型特征的重复出现而不断引起受测者的注意，使受测者产生了选择性注意。再经过观察并与心理的认知原型或模板进行类比，如果受测者感到该刺激强度大到足以修正其判断规则，则会产生反馈，并重新归纳生成新的判断规则。

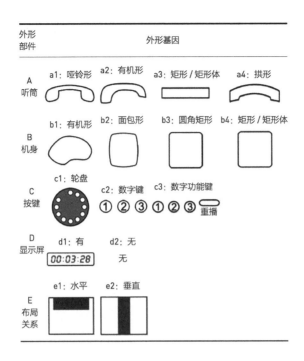

外形部件	外形基因	S1：成熟—年轻		S2：简洁—复杂		S3：实用—装饰		S4：商务—家用		S5：粗矿—细致		S6：现代—复古	
		贡献率 u	权重 $q/\%$	贡献率 u	权重 $q/\%$	贡献率 u	权重 $q/\%$	贡献率 u	权重 $q/\%$	贡献率 u	权重 $q/\%$	贡献率 u	权重 $q/\%$
A：听筒	a1：哑铃形	-1.696	38.06	2.617	22.14	1.773	15.09	-1.265	16.52	-1.559	29.12	2.569	35.85
	a2：有机形	-1.119		0.024		0.655		1.095		0.562		-0.136	
	a3：矩形/矩形体	5.002		-3.002		-2.550		0.145		2.985		-3.934	
	a4：拱形	-2.187		0.361		0.122		0.026		-1.988		1.501	
B：机身	b1：有机形	1.408	13.42	4.595	29.90	3.019	22.65	1.884	21.93	1.826	22.79	2.055	16.78
	b2：面包形	-0.157		-0.842		-3.468		1.163		-1.445		-0.387	
	b3：圆角矩形	-0.068		-2.992		1.302		-1.869		-0.825		-0.988	
	b4：矩形/矩形体	-1.183		-0.761		-0.852		-1.177		0.444		-0.680	
C：按键	c1：轮盘	-4.010	39.69	-1.258	35.02	-1.918	44.61	2.970	50.01	-3.363	38.91	4.261	41.21
	c2：数字键	3.405		-3.815		-5.430		2.597		0.028		-1.047	
	c3：数字功能键	0.605		5.073		7.348		-5.567		3.335		-3.214	
D：显示屏	d1：有	0.589	6.36	0.255	2.01	0.051	0.355	-0.477	5.60	0.287	3.31	-0.019	0.21
	d2：无	-0.589		-0.255		-0.051		0.477		-0.287		0.019	
E：布局关系	e1：水平	0.249	2.47	1.387	10.93	2.477	17.30	-0.507	5.93	0.110	5.87	0.540	5.95
	e2：垂直	-0.249		-1.387		-2.477		0.507		-0.110		-0.540	
常量		9.626		9.443		9.805		7.469		9.422		7.703	

图6-6 基于感性工学的电话机产品风格与造型要素关联研究

台湾云林科技大学的谢政峰等[15]以手机为例，探讨了人类对立体形状特征的心理认知过程，试图建立消费者与设计师对于产品造型特征与风格认知之间的关系；台湾科技大学邓建玮等[16]运用特征匹配理论，通过实验得出轮廓形状是消费者进行风格认知最明显的特征。

4. 基于模式识别理论的产品风格计算

为科学地识别产品风格，部分学者引入了计算机领域的相关知识（图6-8）。在产品的风格认知方面，形状与色彩是认知与辨识的主要条件。Chan等[17]一直致力于该领域的研究，他们结合汽车设计，采用BP神经网络、模糊集与语义差分法相结合的方法来研究色彩认知以及风格认知；人工神经元作为产品风格的表示的基本单元太细，难以胜任工作，模糊模型恰好弥补了这方面的不足[18]。此外，台湾成功大学工业设计研究所的张华城等[19]还采用了自组织映射网络构造了一个模拟消费者对形状认知的模型；Chen等[20, 21]提出了风格侧面像的概念，构造了一个风格描述框架，从而为产品风格认知提供风格知识，并开发了相应的计算机支持系统。

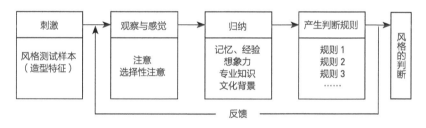

图6-7　基于特征匹配的产品风格认知行为模式

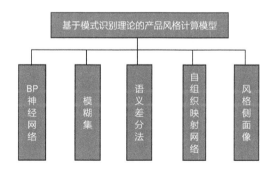

图6-8　基于模式识别理论的产品风格计算模型方法

6.1.4 品牌的产品识别

好的品牌风格能够很好地服务品牌的产品识别。产品识别是企业有意识、有计划地使用特征策略，使用户或公众对企业的产品产生一种相同或相似的认同感[22]。

产品识别分为硬性识别与软性识别两种。硬性识别是指产品在形状、色彩、材质、加工工艺等上的识别，而软性识别是指产品在界面风格、人机交互上的识别。产品识别在品牌策略上的应用，可分为五个方面：形态识别、界面识别、材质识别、用户经验和企业文化。其中形态是吸引用户注意的首要因素。认知心理学认为：用户信息的80%都源自于视觉。形态识别是识别应用中最具操作性、最容易产生效果的一种方法[23]。

苹果手机在不同产品线产品识别上采用了色彩识别的设计，如图6-9。2018年推出的旗舰机iPhone XS采用银色、深空灰色、金色三种颜色，体现其商务与优雅感；廉价版iPhone XR则采用红、黄、白、橙、黑、蓝六种活泼的颜色，更加大众。2012年推出的iPhone 5采用银色、金色、黑色三种颜色，商务与低调并存；面向学生等群体推出的iPhone 5C，则采用明度较高的绿、蓝、黄、红、白五种颜色，体现其青春、活泼的感觉。

产品能否被识别出来在于其是否具有特征或风格的相似性。当一件产品的特征如点、轮廓线、区域线、隐性线面和体等连续出现在一件产品上，那么这个特征就是共同特征。当主要特征（轮廓）不变，次要特征改变时，产品的风格是不变的[24, 25]。

以奔驰汽车为例，其产品在保留主要特征的前提下经过数代演变依然保持了品牌风格，如表6-1所示。奔驰汽车前脸方形的散热面罩及旁边圆形的前大灯的品牌特征决定

(a)   (b)

图6-9 （a）iPhone XR与iPhone XS色彩对比；（b）iPhone 5与iPhone 5C对比

了其前脸造型不会发生本质的变化。虽然尺寸和形状上会有些许改变，但都保持着造型主要特征轮廓。另外，奔驰汽车的挡风玻璃及发动机罩造型是影响其前脸风格变化的主要部位，挡风玻璃及发动机罩通过轮廓曲线的变化与散热面罩及前大灯相连接呼应，共同传达出奔驰汽车流畅优雅的风格意象。

奔驰汽车的前脸造型变化及基因提取　　　　　　　　　　表6-1

车型示例	典型部件风格	设计说明
		1926 年的初代奔驰车 W03，一开始就定位高端轿车，并采用了较为宽大的散热面罩
		1949 年的中高端奔驰车 W136，车身变得更优雅更具代表性，同样采用了圆角矩形的散热面罩设计以及圆形的车灯
		1955 年的轿跑奔驰车 300SL，不仅在赛道上取得了卓越成绩，也在市场上取得了良好的口碑
		1999 年的中高端奔驰车 Baureihe 210，更加变成豪华车的代表，但前脸的设计风格一致延续了下来
		2019 年的轿跑奔驰车 CLA，车灯的设计变得更为凌厉，与车身线条相融合，但散热面罩的形状基本延续

6.2　仿生设计对品牌风格的塑造

仿生设计在品牌风格的建设方面具有积极作用，无论是品牌的Logo还是产品造型，恰当使用仿生设计的品牌能给人眼前一亮的感觉。

6.2.1　提升记忆度

人们对于已知的事物，相比于许多基于字母或者其他用户未知意象的品牌Logo，更容易认知和记忆。品牌标志设计若采用仿生元素，将给用户提供比较好的记忆度。如Apple公司就用被咬了一口的苹果为标志，简单明了，便于记忆（图6-10）。

阿里巴巴集团旗下的多个产品线都采用仿生名称和Logo设计，如天猫、菜鸟驿站、飞猪旅行、蚂蚁金服、盒马鲜生等，给人以统一的感觉，同时提升了用户对于阿里巴巴旗下产品的识别与记忆度（图6-11）。

6.2.2　赋能品牌精神

当人们对于生物的认知意象与品牌或产品所需要传达的内容、精神相匹配时，仿生设计可以更好地塑造品牌风格，体现品牌内涵。

英国豪华轿车、跑车和轿跑SUV品牌"捷豹"汽车，采用奔跑的猎豹为仿生对象。猎豹是世界上在陆地上奔跑得最快的动物，它的时速可以达到115公里，其优雅的脸庞、矫健的身材、流线的肌肉，都让人联想到速度感。这与猎豹汽车想要表达的速度、高雅相匹配。

图6-10　苹果标志

图6-11　阿里巴巴家族化仿生品牌

以捷豹的经典车型XF为例（图6-12），捷豹XF的前脸拥有线条丰富、指向车头的中网，包括发动机盖上、前杠上、车灯以及左右翼子板上的线条，给人一种向前冲刺的动感。远看车头，车标变成了豹子的鼻子，而车灯则是豹眼，前杠上的三角金属装饰则为两颗獠牙，宛如一头疾驰而来的猎豹[26]。

吉利"熊猫"汽车采用国宝熊猫为仿生对象，设计了一款微型轿车。熊猫可爱憨厚的形象与微型轿车轻便、代步的理念相结合，成为一款很受欢迎的车型（图6-13）。

著名高端游戏电脑公司Alienware采用外星人为标志，运用与外星人相关的飞船、装备等科技感线条作为仿生对象进行屏幕、机箱、鼠标等配件的产品仿生设计，给人以科技感与神秘感，与其高端配置、面向游戏玩家和高级设计感的产品定位相匹配（图6-14）。

6.2.3 让品牌脱颖而出

许多产品的设计在市场上存在诸多的同类产品，设计十分趋同，设计师在重新设计时也很难做出新意，仿生设计正是打破固有设计想法的一种思维方式。

图6-12 捷豹XF汽车　　　　图6-13 大熊猫与吉利"熊猫"汽车

图6-14 Alienware的标志及产品

在这方面著名的例子有悉尼歌剧院、鸟巢和水立方。一般来说，歌剧院、体育馆和游泳馆的设计过于趋同，较难创新；而采用"贝壳"、"鸟巢"和"水泡"为仿生对象进行设计，立刻使得建筑脱颖而出（图6-15、图6-16）。

德国著名仿生机器人公司费斯托（Festo）自2006年开始，设计了一系列异常逼真的机器人，轰动了世界。其中包括可以在水中游泳的仿生鱼、会飞的仿生水母、会飞的仿生企鹅、仿生鸟、仿生蜻蜓等。仿生动物机器人的成功，使得费斯托公司名声大振，在机器人公司中脱颖而出（图6-17）。

那么，如何通过仿生设计打造品牌风格呢？这是设计界面临的一个难题。一般来讲，第一步要找到与品牌风格相匹配的仿生对象，可以运用感性匹配的方法；第二步是针对找到的仿生对象开展仿生产品设计，并开展设计评价；最后一步是品牌风格的形成与延续，可以借用产品族设计DNA方法（图6-18）。

图6-15　鸟巢

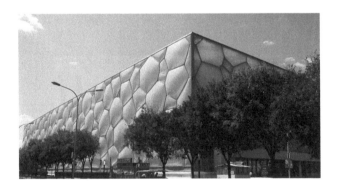

图6-16　水立方

　　　　　　　　　　　　　　　　　　　　　　　　　　　产品仿生设计

（a）　　　　　　　　　　（b）

图6-17 （a）费斯托公司仿生蜘蛛机器人；（b）费斯托公司仿生蝙蝠机器人

图6-18 仿生设计打造品牌示意图

6.3 感性匹配——品牌风格与仿生对象适配

6.3.1 感性意象

感性意象是人对"物"所持有的感觉，是对物的心理上的期待感受，是一种高度凝聚的深层次的人的情感活动。人们在创造产品功能的同时，也赋予了它一定的形态，而形态则表现出一定的性格。在感性消费时代，产品形态已经成为消费者与设计师沟通的重要媒介。当人们在看到一件产品时，脑海里会形成对这一产品的某种意象，以"豪华的、漂亮的、个性的"等感性词汇进行描述[27]。

感性意象的研究主要集中在日本、韩国、中国（包括台湾地区）、美国、欧洲等，尤其以日本的感性工学为代表。在日语中，感性是一个特有的词，英译为"Kansei"。

感性工学（Kansei Engineering）是一种应用工程技术手段来探讨"人"的感性与"物"的设计特性间关系的理论及方法。在工业设计领域，它将人们对"物"的感性意象定量、半定量地表达出来，并与产品设计特性相关联，以实现在产品设计中体现"人"（这里包括消费者、设计者等）的感性感受，设计出符合"人"的感觉期望的产品。感性工学也是一种消费者导向的基于人机工程的产品开发支持技术，利用此技术，可将人们模糊不明的感性需求及意象转化为产品的设计要素，如图6-19所示。

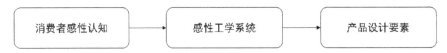

消费者感性认知 → 感性工学系统 → 产品设计要素

图6-19 感性工学系统的基本框架

感性意象的实验研究方法有问卷法、语义差异法、口语分析法；统计分析和优化方法包括因子分析、聚类分析、多维尺度、人工神经网络、模糊逻辑、遗传算法等。这里主要阐述语义差异法和聚类分析法。

（1）语义差异法（Semantic Differential，SD）

美国心理学家及传播学家Osgood等[28]提出的语义差异法是一种基本的研究方法，它通过学习对象（包括产品外形、色彩等）的语义，将用户的感知翻译在Likert量表上，然后运用统计的方法分析其规律，用于测定人们的态度以及感性意象。

语义差异法是感性意象最常用的研究方法，它一方面通过找寻与研究目的相关的意象语义词汇来描述研究对象的意象风格，使用类似"漂亮的—丑陋的"等多对相对、反义的形容词对从不同角度（或称维度）来度量"意象"这个模糊的心理概念，建立5点、7点或9点心理学量表，以很、较、有点、中常等来表示不同程度的连续的心理变化量（如很漂亮、较漂亮、有点漂亮、中常、有点丑陋、较丑陋、很丑陋等）。

在语义差异法试验中，首先要求被试根据自己的主观感受，对事先选定的待研样本逐个进行不同的语义词汇评价，然后借助数理统计方法对试验数据进行分析整理。简而言之就是将由多种因素（意象词汇）组成的多维感性意象空间，通过统计意义上的降维，找到能最大限度地反映总体感性意象倾向的尽可能少的意象维度的描述，以及各维度之间的相关性。

（2）聚类分析法（Cluster Analysis，CA）

聚类分析法是研究分类的一种多元统计方法，主要有分层聚类法和迭代聚类法，聚类分析的主要依据是把相似的样本归为一类，而把差异大的样本区分开来。将对象根据最大化类内的相似性、最小化类间的区别性的原则进行聚类或分组，所形成的每个簇（聚类）可以看作是一个对象类，由它可以导出规则。利用聚类分析，可以对产品进行分类，进而研究消费者对于不同类型产品的认知，也可对消费者进行分类，从而研究消费者的偏好等。

6.3.2 生物感性意象和品牌风格的匹配方法

感性匹配（Perceptual Matching）源自心理学领域，主要用来描述一个现象与它引起的人的反应之间相关性。作为一种评估机制，感性匹配可以将匹配关系量化为具体的分值，然后从众多的设计方案中选出最具潜力的那个。整个评估过程中，首先通过一个分类任务以及SD实验来分别测量被试在视觉和情感方面的感知，然后进行匹配精度及相关性分析，得到匹配质量最高的产品。

要找到与品牌或产品风格定位相匹配的仿生对象，需要用到感性意象匹配的方法。研究方法分为三步：确定风格意象评价尺度，建立生物风格意象库，找到与品牌风格匹配的生物，如图6-20所示。

1. 确定风格意象评价尺度

（1）品牌搜集。对市面上常见的品牌和品牌旗下不同风格的产品线进行搜集，若研究集中在汽车领域，则可搜集市面上常见的汽车品牌如"宝马"、"奔驰"、"大众"、"福特"、"比亚迪"、"保时捷"、"奥迪"等品牌的汽车，并对其旗下针对不同用户和使用场景的不同车型如SUV、轿车、跑车、越野车等图片进行搜集整理。

（2）品牌风格意象词汇表达。邀请10~20名普通消费者作为被试对所展示的图片进

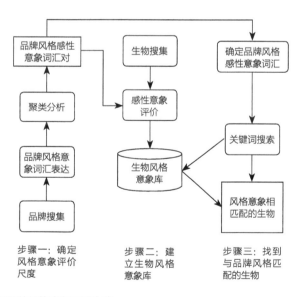

图6-20　生物与品牌风格意象匹配方法

行感性评价，如"这辆车很高端"、"这辆车看起来比较可爱"、"这辆车很有速度感"等。

（3）聚类分析。邀请2~3名专家对消费者的口语报告进行感性词汇提取，如"可爱的"、"舒适的"、"速度的"、"安全的"、"商务的"等。同时，专家对近义词进行聚类，如"高端的"与"高级的"为同义词，"速度的"与"快速的"为同义词。

（4）品牌风格感性意象词汇对。从聚类得到的词汇中形成多对相对、反义的意象形容词，形成品牌风格感性意象词汇对，为之后的语义差异法评价生物做准备，如表6-2所示。

形容词词汇对 表6-2

序号	词汇	序号	词汇
1	直线—流线	7	静态—动感
2	硬朗—圆润	8	脆弱—坚固
3	平稳—倾斜	9	商务—休闲
4	野性—优雅	10	越野—城市
5	成熟—年轻	11	平凡—时尚
6	笨重—轻巧	12	低档—高端

2. 建立生物风格意象库

（1）生物搜集。对常见的或设计中常用到的生物图片进行搜集。如"马来虎"、"非洲狮"、"大白鲨"、"阿拉斯加犬"、"白头海雕"、"大象"、"眼镜蛇"、"长颈鹿"、"啄木鸟"、"蝉"、"猎豹"等。生物图片尽量清晰，为展示生物特点，可同时选取生物的正面、背面、静态、动态、面部特写等进行展示。以下分别是白头海雕的静止图片、飞行图片及面部特写（图6-21）。

图6-21 白头海雕图片展示

产品仿生设计

（2）感性意象评价。选取20~30名普通消费者为被试，将步骤一中获得的感性意象词汇做成Likert量表，向被试发放问卷，对生物进行感性意象打分，如图6-22所示。

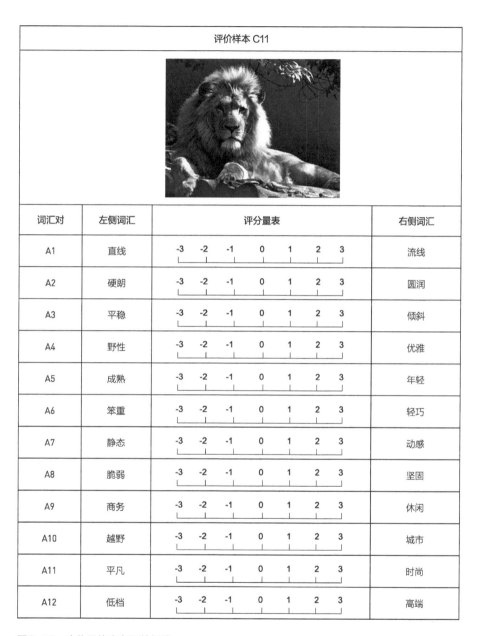

词汇对	左侧词汇	评分量表							右侧词汇
A1	直线	-3	-2	-1	0	1	2	3	流线
A2	硬朗	-3	-2	-1	0	1	2	3	圆润
A3	平稳	-3	-2	-1	0	1	2	3	倾斜
A4	野性	-3	-2	-1	0	1	2	3	优雅
A5	成熟	-3	-2	-1	0	1	2	3	年轻
A6	笨重	-3	-2	-1	0	1	2	3	轻巧
A7	静态	-3	-2	-1	0	1	2	3	动感
A8	脆弱	-3	-2	-1	0	1	2	3	坚固
A9	商务	-3	-2	-1	0	1	2	3	休闲
A10	越野	-3	-2	-1	0	1	2	3	城市
A11	平凡	-3	-2	-1	0	1	2	3	时尚
A12	低档	-3	-2	-1	0	1	2	3	高端

图6-22　生物风格意象评价问卷

（3）建立生物风格意象库。将每对感性词汇的风格意象评价分数统计分析，生物名称、图片与所有12对风格意象评价平均分录入生物风格意象库。建立根据12对风格意象词汇进行搜索的功能。若要生物库不仅展示风格意象，后期还能辅助设计，可以加入生物生活习性、形态特征、色彩等元素。

3. 找到与品牌风格匹配的生物

（1）确定品牌风格感性意象词汇。当需要寻找与品牌风格或产品风格相匹配的仿生对象进行设计时，首先根据之前建立的品牌词汇对对品牌或产品风格进行确定，如需要设计一款城市越野，经过焦点小组讨论其主要风格为"流线的"、"动感的"、"越野的"。可以对全部风格意象词汇进行确定，若其他几组词汇不重要也可以不进行描述。

（2）关键词搜索。将选取的风格词汇点选，在生物风格意象库中进行搜索。

（3）找到风格意象相匹配的生物。根据搜索的风格意象关键词，按照综合的分数高低顺序显示相匹配的生物。如表6-3为排序显示结果，综合分数最高的排在最高位，同时又显示各个风格词汇的分数。

排序显示结果　　　　　　　　　　　　　　　　表6-3

排序	生物	图片	"流线的"	"动感的"	"越野的"
1	猎豹		4.2	4.9	4.5
2	大白鲨		4.8	4.5	2.7
3	非洲狮		3.1	4.4	4.7

设计师可根据匹配到的生物外形是否适合产品进行进一步筛选，提取仿生外形设计元素，开展生物外形与产品匹配的概念设计。

接着设计师用筛选的生物进行产品概念设计（图6-23）。

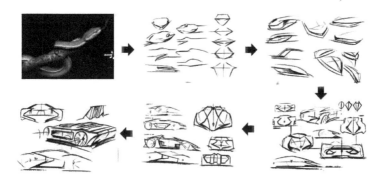

图6-23　用筛选的生物进行产品概念设计

6.4　产品族设计 DNA——品牌风格的形成与延续

获得符合品牌风格的仿生设计生物，提取生物外形特征进行品牌或产品设计后，若就此结束，仍不能延续品牌特性，形成风格。这里我们引入产品族设计DNA的概念与方法，如何将外形仿生设计元素构建产品族设计DNA，形成品牌风格。

6.4.1　产品族和产品族设计 DNA

产品族（Product Family，PF）这一术语由 James Neighbors 在1980年提出，其定义是针对特定细分市场需求而生成的一系列相似产品的集合。发展比较成熟的企业，如奔驰、宝马、飞利浦、苹果等，旗下通常会拥有不同的产品和品牌，而同一品牌下的系列化产品即为产品族。产品族通过赋予一部分产品相似甚至相同的特征、功能或者特性，衍生出一组相关的产品，用以满足用户多样化、个性化的需求。产品族中产品个体与个体之间共享的设计部件或特征参数等设计要素集合构成产品平台，也是产品族的核心。

产品族设计是相关系列产品内通常具有能够被共享、可重用、可继承的共性特征，通过将这些特征通用化、模块化和标准化，同时添加不同的个性模块，能够衍生出满足客户不同需求的个性化产品。

产品DNA借鉴生物DNA的概念，将生物遗传变异的特性引入到产品设计中。特别是产品族的开发设计过程中，新产品需要与上一代产品保持一定的相似性，同时又要有一定的差异性，如同生物界亲代与子代间的性状遗传。同样，家族产品的遗传信息也是储存在产品DNA中，既延续着家族特征，同时，产品设计的DNA也会引起突变，衍生出新产品，实现不断地创新和与时俱进。

产品族的外形基因可以定义为：可遗传的，具有一定通用性和相似性水平的产品族外形基本构成信息，可以在产品族设计过程中继承和传递外形知识，赋予系列产品家族化的视觉形象。以图6-24为例，（a）表示某个产品的外形基因，在变异的产品集合（b）中，无论它与其他形状组成何种图形，都能够保持基因的遗传性，人们都会将它识别出来。

产品族外形基因可以分为通用型基因、可适应型基因和个性化基因三种。

（1）通用型基因

通用型基因（Currency Gene，CGene）指外形、结构比较固定，不受需求参数影响或影响不大，在同一产品族中可以重复使用的外形特征，也是在产品中最容易实现延续性的基因。只要设计出美观的、符合风格需求的、令人印象深刻的延续性特征，基本可以直接通用这种设计方案，快速地运用到整个产品族的系列化设计中去。

（2）可适应型基因

可适应型基因（Adaptable Gene，AGene）指产品系列中受某些参数影响，无法进行简单通用，需要根据产品设计的特殊需求进行可适应性改变的设计特征。可适应型基因特指为区分不同产品线而具有差异化，但在产品线内部又保持统一的设计特征。

（3）个性化基因

个性化基因（Individual Gene，IGene）指单个产品专有的或不可变的设计特征，不同产品间具有不同的表征，差异较大，因此不适合进行统一化设计。

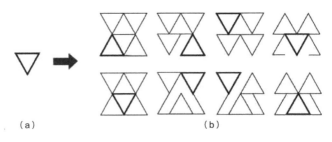

（a）　　　　　　　　　　　　　　　（b）

图6-24　外形基因在产品族中的应用示意

　　　　　　　　　　　　　　　　　　　　　　　产品仿生设计

6.4.2　产品族 DNA 和品牌风格的构建

　　全新的产品族开发设计要从企业本身出发，结合竞争产品的特点进行差异化设计，找出适合自己的产品族设计DNA，其过程与已有的产品族设计基因构造过程有所不同，包括概念分析、设计基因提取、设计基因优化和设计基因定型四个阶段，如图6-25所示。

　　在概念分析与设计基因提取阶段之间，通过口语报告、意象看板、产品的草图设计表达和三维建模等手段，对产品族的概念设计进行分析，研究产品族的构成，找出产品族设计DNA的典型特征；在设计基因提取与优化阶段之间，研究产品族设计DNA的雏形、提取和优化，建立与企业形象、品牌战略和产品意象之间的映射，从物质层面和非物质层面进行产品族设计DNA的建模和表达；在产品族设计DNA优化与定型阶段之间，从显性层面和隐性层面对产品族设计DNA进行提炼，找出产品族的核心识别基因，建立产品族设计DNA表达体系，开展产品设计；设计管理则整合了市场、用户、文化、竞争对手和设计技术等因素，通过品牌管理、产品族管理和设计表达管理等手段

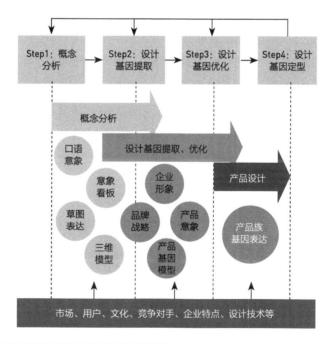

图6-25　全新产品族的设计基因构造过程模型

对整个过程进行决策和控制。

全新产品族的设计比较复杂，过程较长，它要经过市场的检验、调整与修正。经过历史沉淀，才能形成企业自身的产品族设计DNA。

大众甲壳虫（Volkswagen Beetle）是一款经典的仿生设计汽车。在1938年至2019年82年的时间，累计销量突破2350万辆，是迄今为止外形保持基本不变、单一车型销量最高的车型。其最初的定位是设计一款每个德国家庭都能拥有的价格低廉、能耗低的轿车，可以坐下一对德国夫妇及其一双儿女。1938年，第一代甲壳虫由著名汽车设计师费迪南德·波尔舍设计，一经出厂广受欢迎。美国《时代》周刊记者称它是"BEETLE（甲壳虫）"，一些德国人也这么认为，后来干脆德国也以Kafer（德语中的"甲虫"，与英语Chafer同音）命名并上市。1945年，甲壳虫开始批量生产，后来进入美国市场，成为美国销量最高的进口车，同时也是嬉皮士最喜爱的反主流文化的车型[29]。

大众集团在1994年的北美国际车展上，发布了名为Concept One的概念车，4年后，甲壳虫也以New Beetle新甲壳虫的名义重新与大家见面。第二代甲壳虫在墨西哥投产，开创了"复古未来派"的设计风潮。相较于第一代甲壳虫，第二代甲壳虫的线条进行了简化，圆滚滚且前后对称的造型是其设计特色，此款车型广受女性消费者欢迎。

第三代甲壳虫于2011年面世，被称为"21世纪的甲壳虫"。车头变长，车顶至车尾的线条也变得平缓了许多，接近于大众其他车型的设计。内饰也抛弃了老款由圆形和弧线组成的内饰风格，改为大众家族式的内饰设计，少了一些可爱的样子（图6-26）。

三代甲壳虫汽车虽然在设计上根据时代流行和需求有很大变化，但其仍然保留了通用型基因。车的设计线条采用偏圆形，保留了甲壳虫背部的弧形线条、圆形的前大灯，

| （a） | （b） | （c） |

图6-26　甲壳虫汽车的三代车型
（a）第一代：1938~2003；（b）第二代：1998~2010；（c）第三代2011至今

　　　　　　　　　　　　　　　　　　　　　　　　　　　　　产品仿生设计

发动机箱线条、轮毂上方翼子板的圆形设计。这些产品族之间的通用型基因让用户非常容易识别，塑造了经典的甲壳虫品牌（表6-4）。

三代大众甲壳虫保留的外形基因　　　　　　　　　　　　表6-4

	第一代	第二代	第三代
侧身车顶弧线			
前脸			
轮毂上方翼子板			

仿生元素作为全新的产品族基因，运用仿生设计塑造品牌风格，可以通过在功能、视觉、意象等方面的设计方法与技术进行仿生元素提取，构建基本的产品族DNA，再通过产品族设计计算，形成个性的风格，将仿生元素融入品牌中，如图6-27所示。

先确定生物原型，然后提取生物外形本征的显性特征与隐形特征。如图6-28是甲壳虫的照片，可以看出，弧形的背部、圆形的斑点、圆形的眼睛是其特色。对甲壳虫提取外形轮廓线后，可以试着根据其主要特征和品牌定位来构建初步的外形设计基因（图6-29）。

接着对原有品牌或者产品风格基因进行提取，提取出通用型基因、可适应型基因和个性化基因，可以在之后的设计中保留通用型基因；生物特征与产品原有风格基因提取完毕后，建立生物外形本征与产品外形基因的融合，可以借助基于符号学的融合方法以及基于语义的融合方法；融合产生了初步方案后，可以让用户和专家基于这些方案给出评价，包括用户感性意象评价、仿生相似性评价以及基于产品本身的功能性评价；最后，挑选和修改方案，生成新的基于生物特征与产品特征的产品，经过进一步细化及完善之后，就完成了新的品牌风格的构建与演化。

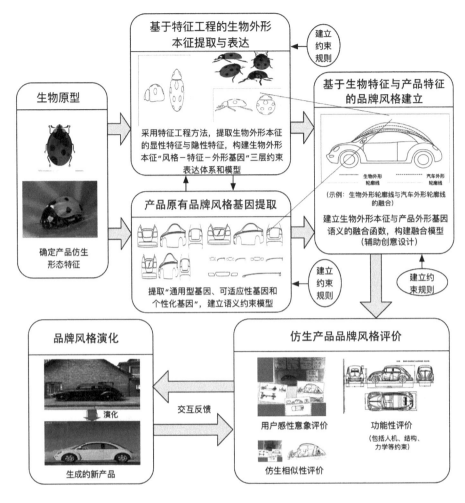

图6-27 基于生物特征与产品特征的产品品牌风格建立方法

图6-28 甲壳虫

图6-29 甲壳虫线条提取

参考文献

［1］Hunt S D. The ethics of branding，customer-brand relationships，brand-equity strategy，and branding as a societal institution［J］. Journal of Business Research，2019，95（2）：408-416.

［2］风格［EB/OL］. https://baike.baidu.com/item/%E9%A3%8E%E6%A0%BC/3531616?fr=aladdin，2020-04-30.

［3］赵丹华，何人可，谭浩，李然. 汽车品牌造型风格的语义获取与表达［J］. 包装工程，2013，34（10）：27-30+61.

［4］黄琦，孙守迁. 产品风格计算研究进展［J］. 计算机辅助设计与图形学学报，2006，18（11）：1629-1636.

［5］Stiny G. Introduction to shape and shape grammar［J］. Environment and Planning B：Planning and Design，1980，7（3）：343-351.

［6］Cagan J，McCormack J P，Vogel C M. Speaking the Buick language：Capturing，understanding，and exploring brand identity with shape grammars［J］. Design Studies，2004，25（1），1-29.

［7］潘云鹤. 智能CAD方法与模型［M］. 北京：科学出版社，1997.

［8］孙守迁，黄琦. 计算机辅助概念设计［M］. 北京：清华大学出版社，2004.

［9］庄明振，邓建国. 造形溯衍模式应用于产品造形开发之探讨［J］. 工业设计（中国台湾），1995，24（1）：3-16.

［10］Nagamachi M. Kansei engineering as a powerful consumer oriented technology for product development［J］.Applied Ergonomics，2002，33（3）：289-294.

［11］陈国祥，何明泉，管伟生，等. 复合式感性工学应用于产品开发之整合性研究［J］. 工业设计，2004，32（2）：108-117.

［12］傅业焘，罗仕鉴. 面向风格意象的产品族外形基因设计［J］. 计算机集成制造系统，2012，18（03）：449-457.

［13］Chan C S. An examination of the forces that generate a style［J］. Design Studies，2001，22（4）：319-346.

［14］陈俊智. 风格操作模式应用于产品造型设计之研究［J］. 工业设计，2000，28（2）：111-115.

［15］谢政峰，张悟非. 产品造型属性特征对使用者心智意象的影响——以行动电话为例［J］. 工业设计，2002，30（2）：216-221.

［16］邓建玮，林铭煌. 属性特征作用于产品造型的辨识过程与类别强弱［J］. 工业设计，2002，30（2）：251-257.

［17］Chan C S. Can style be measured?［J］. Design studies，2000，21（3）：277-291.

［18］Hsiao S W. Fuzzy set theory on car - color design［J］. Color Research & Application，1994，19（3）：202-213.

［19］张华城，张育铭. 以自组织映射网络建构造形认知模拟系统可行性研究［J］. 工业设计（中国台湾），2000，28（2）：136-141.

［20］Chen K，Owen C L. Form language and style description［J］. Design studies，1997，18

（3）: 249-274.

[21]　Chen K，Owen C L. A study of computer-supported formal design [J] . Design studies，
1998，19（3）: 331-359.

[22]　杨颖，雷田. IT 产品形象识别理论及方法研究 [J]. 品牌创新与工业设计. 北京: 机械工
业出版社，2005.

[23]　杨颖，周立钢，雷田. 产品识别在品牌策略中的应用 [J]. 包装工程，2006，27（2）:
163-166.

[24]　Chan C S. Operational definitions of style [J] . Environment and Planning B: Planning
and Design，1994，21（2）: 223-246.

[25]　杨颖，雷田，潘云鹤. 产品识别———种以用户为中心的设计方法 [J]. 中国机械工程，
2006，17（11）: 1105-1109.

[26]　疯狂动物园: 仿生学在汽车中的应用 [EB/OL]. http://www.sohu.com/a/191514749_649501.

[27]　罗仕鉴，潘云鹤. 产品设计中的感性意象理论、技术与应用研究进展 [J]. 机械工程学报，
2007，43（3）: 8-13.

[28]　Osgood C E，Suci G J，Tannenbaum P H. The measurement of meaning [M] . University
of Illinois press，1957.

[29]　一辆甲壳虫　半部大众史 [EB/OL]. （2018-10-08）. http://www.sohu.com/a/258126103_
183181.

后 记

2015年10月15日夜，芬兰，闲来无事，我思考着：设计到底分为哪几个层次？我一边查阅资料，一边在纸上随便写画，突然顿悟，设计好像可以分成"本体层（Ontology Level）→行为层（Behavior Level）→价值层（Value Level）"三个层次，这三个层次组成金字塔模型，相互依存，相互递进。在后来的学术研究中，为了验证这一思想和理论是否正确与合适，我们陆续发表了2篇学术论文："产品外形仿生设计研究现状与进展"（《机械工程学报》2018年11月）和"服务设计研究现状与进展"（《包装工程》2018年12月），在业界取得了一定的反响。在公开的演讲中，我也将这个层次模型融入演讲PPT中。

有了国家自然科学基金项目"产品外形设计的仿生计算研究"（编号51675476）的支持，我萌生了写一本书的想法，对部分研究成果进行小结，也继续秉承"设计＋研究"并重的做事风格。形上谓道，形下谓器。在这本著作中，我尝试着将设计的"本体层→行为层→价值层"层次模型作为基本思想和架构。虽然有些内容无法阐述清晰，但毕竟是一次探索性的尝试。格物致知，守正创新，既要有开物前民的创新观，也要有永远锐意进取的上进心。

感谢杭州前沿工业设计有限公司、杭州骐雄科技有限公司提供的设计案例。

感谢团队边泽、单萍、林欢、邹文茵等博士生，以及沈诚仪、姚奕弛、郑博文等硕士研究生的辛苦努力与付出，也向所有被引用资料的作者致谢。

感谢中国建筑工业出版社的辛勤劳动，才使得本书能够与大家见面。

书中有些图片引自网络及百度，在此表示衷心的感谢！

本书的确还有很多缺点，只是起到抛砖引玉的作用。不足之处，真诚希望专家学者批评指正。

　　是为后记，念之于心，自勉！

2020年6月于求是园

产品仿生设计